Die angegebenen Preise

sind Grundpreise, auf die ein den jeweiligen Herstellungs- (Einband-) und allg. Unkoste entsprechender Zuschlag (August 1922: 1100%, Schulbücher mit * bezeichnet 700%) berechne wird. Nur durch diese im geschäftlichen Verkehr sonst auch allgemein übliche Berechnung is es möglich, den durch die fortschreitende Teuerung bedingten Preisänderungen zu folgen

Mathematisch-Physikalische Bibliothek

Gemeinverständliche Darstellungen aus der Mathematik u. Physik. Unter Mitwirkung von Fachgenossen hrsg. vor

Dr. W. Lietzmann und **Dr. A. Witting**
Oberstud.-Dir.d.Oberrealschule zu Göttingen   Oberstudienrat, Gymnasialpr.i.Dresde

Fast alle Bändchen enthalten zahlreiche Figuren. kl. 8. Kart. je M. 1 50

Die Sammlung, die in einzeln käuflichen Bändchen in zwangloser Folge herausgegeben wird bezweckt, allen denen, die Interesse an den mathematisch-physikalischen Wissenschaft haben, es in angenehmer Form zu ermöglichen, sich über das gemeinhin in den Schule Gebotene hinaus zu belehren. Die Bändchen geben also teils eine Vertiefung solcher ele mentarer Probleme, die allgemeinere kulturelle Bedeutung oder besonderes wissenschaft liches Gewicht haben, teils sollen sie Dinge behandeln, die den Leser, ohne zu große Anford rungen an seine Kenntnisse zu stellen, in neue Gebiete der Mathematik und Physik einführen

Bisher sind erschienen (1912/22):

Der Begriff der Zahl in seiner logischen und historischen Entwicklung. Von H. Wieleitner. 2., durchgeseh. Aufl. (Bd. 2.)

Ziffern und Ziffernsysteme. Von E. Löffler 2., neubearb. Aufl. I: Die Zahlzeichen der alten Kulturvölker. (Bd. 1.) II: Die Z. im Mittelalter und in der Neuzeit. (Bd. 34.)

Die 7 Rechnungsarten mit allgemeinen Zahlen. Von H. Wieleitner. 2. Aufl. (Bd. 7.)

Einführung in die Infinitesimalrechnung. Von A. Witting. 2. Aufl. I: Die Differential-, II: Die Integralrechnung. (Bd.9 u.41.)

Wahrscheinlichkeitsrechnung. V. O. Meißner. 2. Auflage. I: Grundlehren. (Bd. 4.) II: Anwendungen. (Bd. 33.)

Vom periodischen Dezimalbruch zur Zahlentheorie. Von A. Leman. (Bd. 19.)

Der pythagoreische Lehrsatz mit einem Ausblick auf das Fermatsche Problem. Von W. Lietzmann. 2. Aufl. (Bd. 3.)

Darstellende Geometrie d. Geländes u. verw. Anwend. d. Methode d. kotiert. Projektionen. Von R. Rothe. 2., verb. Aufl. (Bd. 35/36.)

Methoden zur Lösung geometrischer Aufgaben. Von B. Kerst. (Bd. 26.)

Einführung in die projektive Geometrie. Von M. Zacharias. 2. Aufl. (Bd. 6.)

Konstruktionen in begrenzter Ebene. Von P. Zühlke. (Bd. 11.)

Nichteuklidische Geometrie in der Kugelebene. Von W. Dieck. (Bd. 31.)

Einführung in die Trigonometrie. Von A. Witting. (Bd. 43)

Abgekürzte Rechnung. V. A. Witting. (Bd. 47)

Funktionen, Schaubilder, Funktionstafeln. Von A. Witting. (Bd. 48.) [U. d. Pr. 22.]

Einführung i. d. Nomographie. V. P. Luckey. I. Die Funktionsleiter (28.) II. Die Zeichnung als Rechenmaschine. (37.)

Theorie und Praxis des logarithm. Rechenschiebers. V. A. Rohrberg. 2. Aufl (Bd.23.)

Die Anfertigung mathemat. Modelle. (Für Schüle mittl. Kl.) Von K. Giebel. (Bd.16.)

Karte und Kroki. Von H. Wolff. (Bd. 27.)

Die Grundlagen unserer Zeitrechnung. Von A. Baruch. (Bd. 29.)

Die mathemat. Grundlagen d. Variations- u Vererbungslehre. Von P. Riebesell. (24.

Mathematik und Biologie. Von M. Schips. (Bd. 42.)

Mathematik und Malerei. 2 Teile in 1 Bande Von G. Wolff. (Bd. 20/21.)

Der Goldene Schnitt. Von H.E.Timerding. (Bd. 32.)

Beispiele zur Geschichte der Mathematik. Von A. Witting und M. Gebhard. (Bd. 15.)

Mathematiker-Anekdoten. Von W. Ahrens. 2. Aufl. (Bd. 18.)

Die Quadratur d. Kreises. Von E. Beutel. 2. Aufl. (Bd. 12.)

Wo steckt der Fehler? Von W. Lietzmann und V. Trier. 2. Aufl. (Bd. 10.)

Geheimnisse der Rechenkünstler. Von Ph. Maennchen. 2. Aufl. (Bd. 13.)

Riesen und Zwerge im Zahlenreiche. Von W. Lietzmann. 2. Aufl. (Bd. 25.)

Die mathematischen Grundlagen der Lebensversicherung. Von H. Schütze. (Bd. 46.)

Die Fallgesetze. Von H. E. Timerding 2. Aufl. (Bd. 5.)

Atom- und Quantentheorie. Von P. Kirchberger. (Bd. 44/45.)

Ionentheorie. Von P. Bräuer. (Bd. 38.)

Das Relativitätsprinzip. Leichtfaßlich entwickelt von A. Angersbach. (Bd. 39.)

Dreht sich die Erde? Von W. Brunner. (17.)

Theorie der Planetenbewegung. Von P Meth. 2., umg. Aufl. (Bd. 8.)

Beobachtung d. Himmels mit einfach. Instrumenten. Von Fr. Rusch. 2. Aufl. (Bd.14.

Mathem. Streifzüge durch die Geschichte de Astronomie. Von P. Kirchberger. (Bd.40.

In Vorbereitung bzw. unter der Presse*: Doehlemann, Mathematik und Architektur *Kerst, Einführ. in d. Planimetrie. Winkelmann, Der Kreisel. Wolff, Feldmess. u. Höhenmesser

Verlag von B. G. Teubner in Leipzig und Berlin

MATHEMATISCH-PHYSIKALISCHE BIBLIOTHEK

HERAUSGEGEBEN VON W. LIETZMANN UND A. WITTING
===== 47 =====

ABGEKÜRZTE RECHNUNG

NEBST EINER
EINFÜHRUNG IN DIE RECHNUNG MIT
LOGARITHMEN

VON

Prof. Dr. ALEXANDER WITTING
OBERSTUDIENRAT AM GYMN. Z. HEIL. KREUZ IN DRESDEN

MIT 4 FIGUREN IM TEXT UND
ZAHLREICHEN AUFGABEN

1922

Springer Fachmedien Wiesbaden GmbH

ISBN 978-3-663-15676-5 ISBN 978-3-663-16253-7 (eBook)
DOI 10.1007/978-3-663-16253-7

ALLE RECHTE,
EINSCHLIESSLICH DES ÜBERSETZUNGSRECHTS, VORBEHALTEN.

VORWORT

Seit vielen Jahren stückweise vorhanden und im Unterricht erprobt, kann nun dies Bändchen endlich erscheinen. In ihm ist zusammengefaßt, was zur elementaren abgekürzten Rechnung gehört. Bei den Logarithmen war aus Gründen der Raumersparnis eine Beschränkung auf 3 Dezimalen nötig; daß das für viele Fälle der Praxis völlig genügt, beweist die Verbreitung des Rechenschiebers, der auch nicht weiter reicht. So dürfte das Büchlein übrigens auch für den Praktiker Wert haben.

Als Fortsetzung des vorliegenden kann das soeben erschienene Bändchen über *Trigonometrie* (Nr. 43) angesehen werden, und wesentliche Ergänzungen wird ein in Vorbereitung befindliches Büchlein über elementare Funktionen, ihre graphische Darstellung und Tafeln zu ihrer Berechnung bringen.

Da dies Bändchen für Anfänger bestimmt ist, die möglichst gründlich in das Gebiet eingeführt werden müssen, wenn es Zweck haben soll, so mußte die Darstellung in behaglicher Breite und mit mancher Wiederholung gehalten werden. Möge es günstige Aufnahme finden.

Dresden, Mai 1922.

A. Witting.

INHALT

I. ABSCHNITT
ALLGEMEINES ÜBER UNGENAUE ZAHLEN

                                          Seite
§ 1. Ungenaue und abgekürzte Zahlen 1
§ 2. Verabredungen 3
§ 3. Die beiden Grenzen einer ungenauen Zahl 4
§ 4. Beispiele, weitere Festsetzungen 5
§ 5. Die Genauigkeit 7

II. ABSCHNITT
DIE VIER GRUNDRECHNUNGSARTEN

§ 6. Addition und Subtraktion 9
§ 7. Multiplikation zweier ungenauer Zahlen 12
§ 8. Beispiele 14
§ 9. Andere Fälle abgekürzter Multiplikation. Praktische Beispiele 15
§ 10. Abgekürzte Division 18
     Anwendungen 20

III. ABSCHNITT
POTENZEN UND WURZELN

§ 11. Das Quadrieren genauer Zahlen und das Wurzelziehen aus Quadraten 23
§ 12. Abgekürztes Quadrieren und Wurzelziehen 26
     Praktische Beispiele 28
     Anhang 29
§ 13. Näherungsformeln 31
§ 14. Darstellung einer Zahl als Summe von Potenzen von 2 36
§ 15. Potenzen und Wurzeln mit beliebigen Exponenten . . 37

IV. ABSCHNITT
LOGARITHMEN

§ 16. Die Interpolation 39
§ 17. Die Logarithmentafel 43
§ 18. Logarithmische Rechnungen 47

ERSTER ABSCHNITT
ALLGEMEINES ÜBER UNGENAUE ZAHLEN

§ 1. Ungenaue und abgekürzte Zahlen

Wenn wir eine Anzahl von Dingen abzählen, z. B. die Rosen an einem Strauch oder die Gäste einer Tafelrunde, so erhalten wir eine positive ganze Zahl, die ein bestimmtes und *genaues* Ergebnis darstellt. Anders kann es mit der Abzählung werden, wenn die Anzahl der Dinge sehr groß und die Kenntnis der genauen Zahl nicht von Wert ist. Wenn wir z. B. nach der Zahl der Erbsen in einem Doppelzentner fragen, so ist es durchaus möglich, die genaue Zahl durch Abzählen festzustellen, aber so ist offenbar die Frage nicht gemeint, man will eine ungefähre Vorstellung von der Menge haben, man will — wie man sich ausdrückt — die *Größenordnung* kennen. Man würde daher in diesem Beispiele so verfahren, daß man aufs Geratewohl in die Erbsen hineingreift, eine Handvoll heraushebt, etwa 50 g abwiegt und die Anzahl in ihnen feststellt; es mögen 193 Erbsen sein. Dann enthält ein kg 3860 Stück und ein dz demnach rund 386000 Erbsen. Man nennt dies eine **runde Zahl** oder *abgerundete Zahl*; sie ist offenbar nicht genau, vermittelt uns aber in genügender Weise einen Begriff von der Menge, um die es sich handelt.

Wenn man ferner sagt, daß eine Stadt 47000 Einwohner, ein Land eine Bevölkerung von 21 Millionen Seelen habe, so sind das ebenfalls abgerundete Zahlen. Durch die Volkszählung sind die genauen, für viele Zwecke nötigen Zahlen für einen bestimmten Tag ermittelt, im allgemeinen genügen aber die abgerundeten Werte, die die Größenordnung angeben.

Eine andere Art, gewisse Zahlen zu gewinnen, besteht in der Bildung von **Mittelwerten** oder **Durchschnittswerten**. Wenn ich z. B. sage, daß das durchschnittliche Gewicht von 1 hl Linsen 79 kg ist oder daß man, um 1 ha Landes bei Drillsaat mit Hafer zu bestellen, 70 kg braucht, so sind diese

Zahlen so gewonnen, daß man aus vielen Versuchen das Mittel gezogen hat; wie man dabei verfährt, werden wir später noch betrachten (S. 11 und 12).

Wer würde ferner glauben, wenn er hört, eine Kerze des Kastanienbaumes habe 500 Blüten, daß diese Zahl genau sei; auch sie ist ein Mittelwert.

Von etwas anderer Art sind die Angaben:

a) $\frac{17}{128} \approx 0{,}1328$,   b) $\frac{5}{17} \approx 0{,}2941$,   c) $\sqrt{2} \approx 1{,}4142$.

Hier handelt es sich nicht, wie bei den vorigen Beispielen, um ganze Zahlen. Bei a) könnte man den genauen Wert des gemeinen Bruches als Dezimalbruch darstellen, er würde 7 Stellen haben, wir haben ihn aber nach der vierten Stelle *abgebrochen*. Bei b) erhalten wir bekanntlich bei fortgesetzter Division einen unendlichen Dezimalbruch mit einer 16stelligen Periode. Bei c) endlich ergibt das Rechenverfahren einen nie endenden Dezimalbruch ohne Periode, denn $\sqrt{2}$ ist eine irrationale Zahl.[1]

Allen diesen Beispielen, die ersichtlich beliebig erweitert werden könnten, ist gemeinsam, *daß man so viel Dezimalstellen der Zahl angeben kann, wie man will*. Dabei nimmt das Beispiel c) der irrationalen Zahl die besondere Stellung ein, daß man ihren genauen Wert als Quotienten zweier ganzer Zahlen überhaupt nicht angeben kann.

Wir wenden uns nun zu einer zweiten Gruppe von Zahlen, bei denen die Dinge wesentlich anders liegen. Wenn auf einer Landkarte die Höhe eines Berges zu 543 m angegeben ist oder wenn die Größe eines Landgebietes zu 3200 qkm bestimmt ist, so weiß jeder, daß auch dies nur runde Zahlen sind. Ebenso steht es mit den Angaben, daß die Masse eines Liters Wasserstoff (bei 0^0 und 760 mm Druck) 0,0894 g, daß die Lichtgeschwindigkeit im leeren Raume $3 \cdot 10^{10}$ cm/sek, daß der Ausdehnungskoeffizient der Gase für 1^0 Temperaturdifferenz $\frac{1}{273}$, daß der scheinbare Sonnendurchmesser 31' sei. Hier handelt es sich überall um Zahlen, die nicht durch Abzählen oder durch bloße Rechnung, sondern durch Messung mit Instrumenten gewonnen werden. Je feiner man die Mes-

---

[1] Vgl. Wieleitner, Der Begriff der Zahl, 2. Aufl., Leipzig 1918, B. G. Teubner, Bd. 2 dieser Sammlung. Siehe auch weiter unten § 12.

sung anstellt, desto genauer wird das Ergebnis, aber *eine beliebige Genauigkeit ist hier offenbar unmöglich.*

Alle durch Messung mit Instrumenten irgendwelcher Art erhaltenen Zahlenwerte sind nur bis zu einem gewissen Grade genau, sie sind notwendigerweise mit Fehlern behaftet; gegenüber den uns stets unbekannten wahren Werten der gemessenen Größen sind sie also *ungenaue, angenäherte, abgerundete, abgekürzte* oder *unvollständige* Zahlen. Der Grund liegt zum Teil in den Ungenauigkeiten der Instrumente, zum Teil in den Unvollkommenheiten unserer Sinne, zum Teil hat die Begrenzung der Genauigkeit auch physikalische Ursachen, z. B. die endliche Größe der Lichtwellenlängen.[1])

Man hat deshalb auch vorgeschlagen, mathematische und naturwissenschaftliche Zahlen zu unterscheiden.

§ 2. Verabredungen

Wir treffen hier zwei Verabredungen, an die wir uns halten wollen. Die eine lautet

$$0{,}999\cdots = 0{,}[9] = 1{,}000\ldots$$

Der periodische Dezimalbruch mit der Periode 9 soll gleich 1 gesetzt werden. Die andere betrifft die Art der Abkürzung. Soll eine Zahl aus irgendeinem Grunde abgerundet werden, so läßt man die überflüssigen Stellen weg, die letzte noch zulässige Stelle aber wird um 1 erhöht, wenn die „überletzte" größer als 4 ist. Lautet also die überletzte Stelle 0, 1, 2, 3, 4, so wird sie glatt weggelassen; lautet sie 5, 6, 7, 8, 9, so muß die letzte Stelle um eine Einheit erhöht werden. Dabei ist aber vorausgesetzt, daß die 5 eine *echte* 5 ist. Ein Beispiel wird das sofort klar machen.

Die Zahl 2,8049527 wird mit immer geringerer Genauigkeit dargestellt durch die Zahlen: 2,804953
Aus 2,805 dürfen wir hier nur 2,80 und nicht 2,80495
2,81 bilden, weil wir wissen, daß die 5 erst durch 2,8050
eine Erhöhung aus einer 4 entstanden ist. Wenn 2,805
dagegen die Zahl 2,8049999... hieße, so würde 2,80
zufolge unserer ersten Verabredung bei der Zahl 2,8
2,805 die letzte Stelle für eine echte 5 gelten. 3.

---

[1]) Nähere Ausführungen sollen in einem weiteren Bändchen über Zählen, Messen, Wägen gemacht werden.

Wenn also die überletzte Stelle eine 5 ist, so kann man unter Umständen im Zweifel sein, was für eine 5 das ist, eine echte oder unechte; man wird in solchem Falle schwanken, ob man erhöhen darf oder nicht. Bei Tabellen, deren Zahlen eine bestimmte Anzahl Dezimalen haben, wie z. B. vierstellige Logarithmentafeln, ist es zweckmäßig, wenn die letzte Stelle, falls sie eine unechte 5 ist, ein besonderes Zeichen erhält, z. B. $\bar{5}$ oder 5* oder daß sie schräg gedruckt wird. Wenn man aber völlig im Zweifel ist, so pflegt man wohl auch die 5 als kleine Zahl mitzuführen, z. B. 3,748₅.

§ 3. Die beiden Grenzen einer ungenauen Zahl

Im vorigen Paragraphen sahen wir, wie eine gegebene Zahl abzurunden ist. Hier wollen wir jetzt den umgekehrten Fall betrachten. Wir nehmen an, daß uns eine ungenaue Zahl gegeben sei. Dann gibt es offenbar unendlich viele Zahlen, aus denen die ungenaue Zahl entstanden gedacht werden kann. Ist z. B. 38,47 gegeben, so könnte nach der 7 als dritte Dezimale 0, 1, 2, 3 oder 4 stehen, für die vierte und alle folgenden Dezimalen wäre jede beliebige Ziffer möglich mit der einzigen Ausnahme, daß, wenn die dritte Dezimale 4 ist, nicht alle folgenden Stellen 9 sein dürfen. Es könnte aber auch die 7 jener gegebenen ungenauen Zahl durch Erhöhung aus einer 6 entstanden sein, sodaß also als zweite Dezimale 6, als dritte eine der Ziffern 5, 6, 7, 8 oder 9, als weitere Dezimalen beliebige Ziffern gedacht werden können; hier ist auch der Fall 38,46499 ... möglich.

Alle diese unendlich vielen Zahlen, aus denen man 38,47 durch Abrundung erhalten könnte, sind ebenso groß oder größer als 38,46500 ... und kleiner als 38,47500 ... Nehmen wir also an, daß die Zahl 38,47 das Ergebnis einer Messung ist, so würde uns der wahre Wert der gemessenen Größe unbekannt sein, wir bezeichnen ihn daher mit x. Dann ergibt sich nach den bisherigen Betrachtungen, daß dieser wahre Wert zwischen den beiden Grenzen 38,465 und 38,475 liegt, und zwar ist

$$38{,}465 \leq x < 38{,}475.$$

Allgemein können wir also sagen:

Der uns unbekannte wahre Wert x einer durch eine ungenaue Dezimalzahl gegebenen Größe liegt zwischen **zwei Grenzen**, die um eine halbe Einheit der letzten Stelle von der unvollständigen Zahl abweichen; die Differenz der beiden Grenzwerte oder die Schwankung der Zahl beträgt demnach eine Einheit der letzten Stelle der unvollständigen Zahl, die Unsicherheit oder der Fehler ist mithin höchstens eine halbe Einheit der letzten Stelle, positiv oder negativ gerechnet.

Als Zeichen für *angenähert gleich* ist $\approx$ festgesetzt worden.

§ 4. Beispiele, weitere Festsetzungen

In den folgenden Beispielen, die wir tabellarisch geben, bedeutet Δ die Differenz der Grenzen, also die Schwankung der Zahl.

	Untere Grenze	Obere Grenze	Δ	Fehler höchstens
$x \approx 2{,}37$	$2{,}365 \leq$	$x < 2{,}375$	$0{,}01$	$\pm 0{,}005$
$x \approx 0{,}009$	$0{,}0085 \leq$	$x < 0{,}0095$	$0{,}001$	$\pm 0{,}0005$
$x \approx 0{,}0090$	$0{,}00895 \leq$	$x < 0{,}00905$	$0{,}0001$	$\pm 0{,}00005$
$x \approx 237$	$236{,}5 \leq$	$x < 237{,}5$	1	$\pm 0{,}5$
$x \approx 237{,}00$	$236{,}995 \leq$	$x < 237{,}005$	$0{,}01$	$\pm 0{,}005$

Aus diesen Beispielen folgt die wichtige Regel:

Bei einer ungenauen Dezimalzahl darf man hinten weder Nullen anhängen noch weglassen.

Wie verhält man sich aber, wenn eine ungenaue ganze Zahl vor Erreichung der Einer abbricht? Denken wir uns einmal, daß im vorletzten Beispiel die Zahl 237 etwa Meter bedeuten und daß wir diese Größe in Zentimetern ausdrücken müßten. Dann können wir nach dem, was wir soeben auseinandersetzten, unmöglich 23700 cm schreiben.

Man hilft sich in diesem Falle entweder dadurch, *daß man die bis zum Komma fehlenden Stellen durch kleine Nullen ersetzt*:

$$237_{00} \text{ cm}$$

oder dadurch, *daß man die betreffende Potenz von 10 als Faktor anbringt*:

$$237 \cdot 10^2 \text{ cm.}$$

Beispiele:

		Δ	Fehler höchstens
$x \approx 650$	$645 \leqq x < 655$	10	± 5
$x \approx 73200$	$73150 \leqq x < 73250$	100	± 50
$x \approx 157 \cdot 10^4$	$1565 \cdot 10^3 \leqq x < 1575 \cdot 10^3$	10^4	$\pm 5 \cdot 10^3$

In der Praxis pflegt man, wo kein Mißverständnis zu befürchten ist, die kleinen Nullen durch solche von gewöhnlicher Zifferngröße zu ersetzen, z. B. bei statistischen Angaben über Einwohnerzahlen, bei geographischen Zahlen usw., kurz überall, wo es sich für den gesunden Menschenverstand von selbst versteht, daß es sich um angenäherte Zahlen handelt.

Noch zwei Bemerkungen mögen hier Platz finden. Die Möglichkeit, die Naturwissenschaften und die technischen Wissenschaften als exakte Wissenschaften zu bezeichnen, beruht ganz wesentlich darauf, daß man sich in ihnen stets darüber klar ist, was man wirklich weiß, wie weit man den Messungen trauen darf, mit welchem Fehler höchstens die Zahlen behaftet sind. Vielfach findet man bei Zahlenangaben — namentlich in der Physik und Chemie — die Fehler ausdrücklich mitangegeben, so z. B. in der folgenden Tabelle einiger Atomgewichte.

Ag	$107{,}938 \pm 0{,}004$
H	$1{,}0032 \pm 0{,}0005$
Zn	$65{,}38 \pm 0{,}08$
Os	$191{,}6 \pm 0{,}5$
Cu	$63{,}44 \pm 0{,}15$

Aufgabe. Berechne, wieviel Prozente der Atomgewichte die Fehler betragen.

Die zweite Bemerkung bezieht sich auf die genauen Zahlen. Bei ihnen kann man bekanntlich nach dem Dezimalkomma so viel Nullen anhängen, wie man will. Das beruht darauf, daß man sich eben eigentlich unendlich viele Nullen dahinter zu denken hat; die genauen Zahlen 7 oder 0,38 müßte man eigentlich schreiben

Fehler und Genauigkeit

7,00 ··· = 7,[0], 0,3800 ··· = 0,38[0]

wo die eckige Klammer in üblicher Weise die Periode andeuten soll.

§ 5. Die Genauigkeit

Wir haben von genauen und ungenauen Zahlen gesprochen, wir verstehen auch ohne weiteres, daß die Angaben einer Länge zu 3,786 cm genauer ist als 3,8 cm. Wir verlangen aber jetzt nach einem *bestimmten Maße für die Genauigkeit einer ungenauen Zahl.*

Zunächst erkennen wir leicht, daß die Genauigkeit einer Zahlenangabe unabhängig von der Stellung des Dezimalkommas ist. Denn ob ich z. B. obige Angabe 3,786 cm oder 0,03786 m oder 37,86 mm, oder 37860 μ[1]) oder 37860000 $\mu\mu$ schreibe, das kann doch hinterher an der Genauigkeit meiner Messung nichts ändern! Worauf wird es dann aber bei der Beurteilung der Genauigkeit ankommen? Überlegen wir das einmal an einem einfachen Beispiele. Wenn jemand die Anzahl der Gäste an einem Tische zählen soll, so gehört nicht viel Aufmerksamkeit dazu, die genaue Zahl festzustellen; soll man aber die Anzahl der Besucher einer großen Versammlung feststellen, so erfordert es schon besondere Umsicht, Fehler zu vermeiden. Und wie es hier mit dem bloßen Abzählen geht — je größer die Menge, desto leichter ein Irrtum —, so geht es auch bei allen Messungen. Wir werden demnach die Größe einer Zahl im Verhältnis zu ihrer Unsicherheit betrachten müssen und setzen demgemäß fest:

> Unter der Genauigkeit einer ungenauen Zahl versteht man ihr Verhältnis zur Differenz ihrer beiden Grenzwerte, also ist die Genauigkeit der Quotient aus der Zahl und einer Einheit der letzten Stelle.

Ist also $x \approx 39{,}50$, so ist die Genauigkeit $39{,}50 : 0{,}01 = 3950$; von derselben Genauigkeit sind auch die Zahlen 0,03950 und 39500, da die Quotienten $0{,}03950 : 0{,}00001$ und $39500 : 10$ denselben Wert 3950 ergeben.

Aus dem Vorhergehenden ergibt sich eine einfache praktische Regel zur Bestimmung der Genauigkeit.

---

[1]) $\mu = \frac{1}{1000}$ mm, $\mu\mu = \frac{1}{1000}\mu = \frac{1}{1000000}$ mm, gewöhnlich gelesen *My* und *Mymy*.

Die Genauigkeit einer ungenauen Dezimalzahl erhält man, wenn man das Komma oder die kleinen Nullen wegläßt.

Außerdem erkennt man leicht die Richtigkeit der folgenden Aussage:

*Die Genauigkeit gibt an, von wieviel Einheiten **eine** nicht ganz verbürgt ist.*

Um dies noch näher zu erläutern, diene folgendes Beispiel.

Eine Größe, von der man weiß, daß sie 87,5 km beträgt, ist genauer bekannt als eine andere, deren Länge zu 0,29 mm bestimmt wurde; denn bei der einen ist von 875 Einheiten, bei der andern nur von 29 Einheiten *eine* nicht ganz verbürgt; daß diese Einheiten im ersten Falle 100 m, im zweiten Hundertstel mm ausmachen, daß also die erste Größe bis auf einen Fehler von $\pm$ 50 m, die zweite bis auf einen Fehler von $\pm$ 5μ bekannt ist, kommt für die Genauigkeit ebensowenig in Betracht wie die Schwierigkeit der Messung oder deren Kosten.

Eine andere häufig gebrauchte Bestimmung des Genauigkeitsgrades besteht darin, daß man den Fehler in Prozenten der Größe angibt; dies ist offenbar dann nötig, wenn die obige Definition versagt, wenn also der Fehler nicht eine halbe Einheit der letzten Stelle beträgt, sondern ausdrücklich angegeben ist. Als Beispiele haben wir am Schluß von § 4 die Atomgewichte gegeben. Eine dritte Bestimmung gibt die Genauigkeit dadurch an, daß der Fehler in Bruchteilen der Zahl berechnet wird. So ist z. B. die Lichtgeschwindigkeit bis auf $\frac{1}{50000}$ ihres Wertes, die Gravitationskonstante im Newtonschen Gesetz bis auf $\frac{1}{200}$ ihres Wertes bekannt.

Aufgabe. Ordne die folgenden Zahlen nach ihrer Genauigkeit:

0,372 cm,   85 l,   92₀₀ μ,   0,048 mg,

$62{,}5 \cdot 10^{22}$, $4{,}8 \cdot 10^{-10}$,   0,1 μ,   1₀₀ μ.

ZWEITER ABSCHNITT
DIE VIER GRUNDRECHNUNGSARTEN

§ 6. Addition und Subtraktion

1. Wir betrachten zuerst den einfachsten Fall, daß alle Glieder des Polynoms bei derselben Stelle abbrechen. Schreiben wir in einem Beispiel die Fehler mit hin, so ergibt sich,

$$
\begin{aligned}
& 2{,}375 \pm 0{,}0005 \\
+\ & 17{,}280 \pm 0{,}0005 \\
-\ & 6{,}538 \pm 0{,}0005 \\
+\ & 5{,}217 \pm 0{,}0005 \\
\hline
& 18{,}334 \pm 0{,}002
\end{aligned}
$$

Man muß offenbar, um den Fehler der Summe zu erhalten alle einzelnen Fehler ohne Rücksicht auf die Vorzeichen der Glieder addieren. So ergeben sich als obere und untere Grenze der obigen Summe die Zahlen 18,336 und 18,332. Jedenfalls sieht man, daß die dritte Dezimale dieser Summe wesentlich unsicherer ist als es die dritten Dezimalen der Summanden sind. Man schreibt deshalb auch gelegentlich das Ergebnis mit einer kleinen letzten Ziffer $18{,}33_4$, um dadurch die erhöhte Unsicherheit auffallend zu machen.

Haben wir allgemeiner n Summanden, die auch z. T. negativ sein können, so ist die Schwankung der Summe n Einheiten der letzten Stelle, der Fehler also $\pm \frac{1}{2} n$ Einheiten der letzten Stelle.

2. Gehen wir nun zur Betrachtung des zweiten Falles, wo die Summanden nicht mit der gleichen Stelle abbrechen.

Hier findet man leicht den richtigen Weg, wenn man an einigen Beispielen die unteren wie die oberen Grenzen wirklich berechnet und daraus das Mittel zieht. Sei also gegeben:

a) $\qquad 72_{00} + 365_0 + 293, \qquad$ so erhält man

untere Grenze	obere Grenze		
7150	7250	11087,5	$\Delta = 111,0$
3645	3655	11198,5	
292,5	293,5	22286,0 : 2	$\tfrac{1}{2}\Delta = 55,5$
11087,5	11198,5	11143,0	

Wir erhalten demnach als Ergebnis $11143 \pm 55,5$, was man zu 111_{00} mit genügender Genauigkeit abkürzen kann. Beinahe dasselbe Ergebnis kann man kürzer dadurch erreichen, daß man die bei dem zweiten und dritten Summanden überschießenden Stellen von vornherein abkürzt:

$$\begin{array}{r} 72_{00} \\ 37_{00} \\ 3_{00} \\ \hline 112_{00} \end{array}$$

b) $\quad 0,6938 + 0,024 + 0,38476 + 0,00043$

Es ergibt sich als obere Grenze: 1,103550
untere Grenze: 1,102430
halbe Summe 1,102990
halbe Differenz 0,000560

Ergebnis: $\quad 1,102990 \pm 0,000560 \approx 1,103$.

Kürzt man von vornherein auf 3 Dezimalen ab, so kommt hier genau dasselbe heraus.

$$\begin{array}{r} 0,694 \\ 0,024 \\ 0,385 \\ 0,000 \\ \hline 1,103 \end{array}$$

Man wird also sagen können, daß eine scharfe Berechnung einer solchen Summe nur bei Berücksichtigung der beiden Grenzen in der oben angegebenen Weise möglich ist, daß aber die Abkürzung der Summanden auf die gleiche Stelle genügen wird, um ein angenähertes Ergebnis zu erhalten, bei dem man aber über die Schwankung nichts Bestimmtes aussagen kann.

3. Es soll nun der dritte Fall betrachtet werden, wo wir die Summanden auf eine beliebige Anzahl Stellen berechnen können. Die Frage ist hier: *auf wieviel Stellen muß diese Berechnung ausgeführt werden, damit das Ergebnis bis zur p^{ten} Dezimale angebbar wird?* Nach den bisherigen Erfahrungen wird das von der Anzahl der Summanden abhängen. In der Tat

Addition und Subtraktion 11

ist ja bei n Summanden der Fehler höchstens $\pm n$ mal eine halbe Einheit der letzten angegebenen Dezimale. Nehmen wir nun eine entsprechende Anzahl Überstellen — wieviel, sehen wir nachher —, addieren und lassen dann bei der Summe die Überstellen weg, so begehen wir damit einen zweiten Fehler, der nicht unberücksichtigt bleiben darf. Ein Beispiel mag dies erläutern. Es sei $\sqrt{2} + \sqrt{3} + \sqrt{5} + \sqrt{6} + \sqrt{7}$ auf 4 Dezimalen zu berechnen. Da wir 5 Glieder haben, so brauchen wir offenbar nur *eine* Überstelle zu nehmen, denn dann wird der Fehler der Summe $5 \cdot 0{,}000005 = 0{,}000025$, und das ist kleiner als 0,00005, wie verlangt. Also hat man

1,41421
1,73205
2,23607
2,44949
2,64575
─────────
10,47757 ± 0,000025

als Summe $10{,}47757 \pm 0{,}000025$. Kürzt man jetzt auf 4 Dezimalen ab: 10,4776, so hat man den neuen Fehler $-0{,}00003$, zusammen aber einen maximalen Fehler von $-0{,}000055$, demnach etwas mehr als eine halbe Einheit der letzten Stelle. Dies Ereignis wird nun immer und nur dann eintreten, wenn die bei der Summe schließlich wegzulassenden Stellen die Werte haben:

41, 42, 43 ... 57, 58, 59.

In diesen Fällen wird der Gesamtfehler etwas größer als eine halbe Einheit der letzten Stelle sein, nämlich höchstens 6 Zehntel jener Einheit. In allen anderen Fällen erreicht der Fehler höchstens jene halbe Einheit. Man erkennt außerdem, daß man bis zu 10 Summanden mit *einer* Überstelle auskommt, von 11 bis 20 Summanden braucht man 2 Überstellen usw.

4. Eine gesonderte kurze Betrachtung soll uns noch mit den Mittelwerten bekannt machen. Wenn man eine Größe mit gleicher Sorgfalt mehrere Male gemessen hat, so werden die erhaltenen Werte doch meist untereinander etwas verschieden sein. Die Fehler, d. h. die Abweichungen von dem uns unbekannten wahren Werte der Größe, werden im allgemeinen zum Teil positiv, zum Teil negativ sein. *Je größer die Anzahl solcher Messungen ist, mit um so größerer Wahrscheinlichkeit werden sich die Fehler gegen einander aufheben.* Dieser Satz kann hier nicht weiter begründet werden; er ist auch mehr oder weniger Axiom. *Der wahrscheinlichste Wert der unbekannten Größe ist dann das arithmetische Mittel*

aus den Einzelmessungen. Im folgenden Beispiel ist von 18 verschiedenen Personen das Verhältnis der Höhe eines gleichseitigen Dreiecks zur halben Seite bestimmt worden. Dividiert man die Summe aller Ergebnisse durch ihre Anzahl 18, so erhält man einen angenäherten Wert für $\sqrt{3}$.

1,7175	1,7416	1,7317
1,7410	1,7321	1,7439
1,7333	1,7317	1,7320
1,7387	1,7360	1,7295
1,7236	1,7372	1,7150
1,7215	1,7230	1,7350

Der 18. Teil der Summe ist 1,73135, berechnet man aber $\sqrt{3}$ nach dem in § 12 angegebenen Verfahren, so ergibt sich 1,73205 ...

§ 7. Multiplikation zweier ungenauer Zahlen

Da es bei der Rechnung auf das Dezimalkomma nicht ankommt, so können wir uns vorerst auf die Annahme beschränken, daß die beiden Faktoren a und b ganze Zahlen seien. Dann sind die beiden Grenzen des Produktes:
$$(a + \tfrac{1}{2})(b + \tfrac{1}{2}) = ab + \tfrac{1}{2}(a+b) + \tfrac{1}{4}$$
$$(a - \tfrac{1}{2})(b - \tfrac{1}{2}) = ab - \tfrac{1}{2}(a+b) + \tfrac{1}{4},$$
die Differenz der Grenzwerte oder die Schwankung ist mithin $a+b$.

Ist a eine n-stellige und b eine m-stellige Zahl ($m \geq n$), so hat das Produkt ab entweder $(n+m-1)$ oder $(n+m)$ Stellen, die halbe Summe $\tfrac{1}{2}(a+b)$ hat entweder $(m-1)$ oder m Stellen. Daraus erkennt man, *daß die beiden Grenzen mindestens in $(n-2)$ Stellen übereinstimmen müssen.* Bedenkt man weiter, daß $a + \tfrac{1}{2}$ und $a - \tfrac{1}{2}$ doch in $(n-1)$ Stellen übereinstimmen, so ergibt sich, *daß die beiden Grenzen höchstens $(n-1)$ Stellen gemein haben können.*

Bestätigen wir das an einigen Beispielen:

1. Beispiel:
$$x \approx 236{,}5 = a \quad | \quad ab = 1879{,}7020$$
$$y \approx 7{,}948 = b \quad | \quad 236{,}45 \cdot 7{,}9475 = 1879{,}186375$$
$$236{,}55 \cdot 7{,}9485 = 1880{,}217675$$

Multiplikation

Hier ist $m = n = 4$, das Produkt ab hat $8 = m + n$ Stellen, die halbe Summe hat (nach Verschiebung des Dezimalkommas an das Ende) $m = 4$ Stellen. Wenn ich diese halbe Summe zu ab addiere (immer vom Komma abgesehen!), so wirkt das gerade noch 2 Stellen weiter nach links hin, und die Grenzen haben hier also nur $2 = (n-2)$ Stellen gemein. Um zu einem vernünftigen Ergebnis zu kommen, kürzen wir die beiden Grenzwerte auf 5 Stellen ab und nehmen das arithmetische Mittel, *schreiben aber die letzte Ziffer als überzählig klein:*

$$\tfrac{1}{2}(1879{,}2 + 1880{,}2) = 1879{,}7$$

und rechnen als Fehler, wie stets eine halbe Einheit der letzten groß geschriebenen Stelle, also $\pm 0{,}5$. Dann sind die Grenzen $1879{,}7 + 0{,}5 = 1880{,}2$ und $1879{,}7 - 0{,}5 = 1879{,}2$.

2. Beispiel:

$$x \approx 3{,}71 = a \qquad ab = 81{,}34546$$
$$y \approx 21{,}926 = b \qquad \text{untere Grenze} = 81{,}2339775$$
$$\text{obere Grenze} = 81{,}4569475$$

Die Stellenzahlen sind: $m = 5$, $n = 3$; $7 = m + n - 1$; $2 = n - 1$. Würde man hier, wie im vorigen Beispiele, verfahren, so müßte man als Mittelwert $81{,}35 \pm 0{,}005$ nehmen, und dann wären die Grenzen $81{,}345$ und $81{,}355$ also enger als in Wirklichkeit. Man muß sich daher mit $81{,}3 (\pm 0{,}5)$ begnügen, wenn man nicht $81{,}35 \pm 0{,}12$ schreiben will.

Aber alle die Rechnungen sind furchtbar umständlich und langwierig; verdrießlich ist es außerdem, immer bei den Produkten so viele Stellen zu berechnen, die dann als überflüssig (weil sinnlos) weggelassen werden müssen. Man hat daher ein Verfahren ausgebildet, das in kürzester und bequemster Weise unmittelbar ein genügend genaues Ergebnis liefert. Die Regeln lauten:

a) Der ungenauere Faktor wird zum Multiplikanden genommen.

b) Nach Berechnung des ersten Teilproduktes wird nicht nach rechts ausgerückt, sondern für jede weitere Zeile von rechts her eine Stelle des Multiplikanden abgekürzt und von dieser nur der Übertrag bei der Multiplikation genommen. Das Abkürzen deutet man durch einen über der Stelle angebrachten Strich an.

14   Die vier Grundrechnungsarten

c) Hat der Multiplikand n Stellen, so ist der Multiplikator nötigenfalls auf $(n + 1)$ Stellen abzukürzen.

Die letzte Stelle des Produktes ist klein zu schreiben.

Für die Bestimmung des Kommas des Produktes kann man mehrere Vorschriften geben:

d) Ist die erste angegebene Stelle des Multiplikators p Stellen von den *Einern* entfernt, so hat man das Komma des Produkts p Stellen nach der entgegengesetzten Seite zu rücken.

e) Enthält der Multiplikator Einer, so bleibt das Komma bei Multiplikation mit diesen Einern an seiner Stelle stehen. Sind im Multiplikator nur Dezimalstellen vorhanden, so rückt das Komma im Produkt so viel Stellen nach *links*, als der Multiplikator *vorne* Nullen hat (die Null vor dem Komma mitgezählt).

f) Vermindert man die Anzahl der Dezimalen beider Faktoren um die Zahl der abgekürzten Stellen und der kleinen Nullen, so gibt diese Differenz, wenn sie positiv ist, die Zahl der Dezimalen des Produkts, wenn sie negativ ist, die Zahl der anzuhängenden kleinen Nullen.

g) Man verschiebt vor Beginn der Multiplikation, wenn nötig, bei beiden Faktoren das Komma um gleichviel Stellen nach entgegengesetzten Seiten, sodaß der Multiplikator mit den Einern beginnt; dann bleibt das Komma an seinem Platze stehen.

§ 8. Beispiele

1) $\qquad$ $7{,}34768 \cdot 39{,}26.$

Die Faktoren müssen vertauscht werden (Regel a) und der eine ist auf 5 Stellen abzukürzen (Regel c).

$$\overset{\text{\tiny{\textbackslash\textbackslash\textbackslash\textbackslash}}}{39{,}26} \cdot 7{,}3477$$

```
  274,82
   11 78         3 · 6 = 18 gibt Übertrag 2
    1 57         4 · 2 =  8 . . . . . 1
      27         7 · 9 = 63 . . . . . 6
       2         7 · 3 = 21 . . . . . 2
  ──────
  288,4₆
```

Multiplikation

2) $\overset{\text{\tiny{1 2 3 4}}}{1\,2\,3{,}4} \cdot 0{,}056789$

$6\,1\,7\,0$
$7\,4\,0$
$8\,6$
$1\,0$
1
———
$7{,}0\,0\,7$

3) $0{,}0\overset{\text{\tiny{8 3 4 6}}}{8346} \cdot 17953{\scriptstyle 00}$

5842
751
42
2
———
$1498\,{\scriptstyle 30}$

Übungsbeispiele:

$0{,}3975 \cdot 264{,}98$	$\approx 105{,}3{\scriptstyle 3}$	$25{,}76 \cdot 30{,}19$	$\approx 777{,}7$
$25{,}38 \cdot 0{,}02947$	$\approx 0{,}747{\scriptstyle 9}$	$0{,}302010 \cdot 526004$	$\approx 158858{,}5$
$21{,}57 \cdot 0{,}01853$	$\approx 0{,}399{\scriptstyle 7}$	$7{,}364 \cdot 2{,}5$	$\approx 18{,}4$
$63900 \cdot 0{,}0007251$	$\approx 46{,}3{\scriptstyle 3}$	$7{,}364 \cdot 2{,}5000$	$\approx 18{,}41{\scriptstyle 0}$
$0{,}1234 \cdot 74{,}3001$	$\approx 9{,}16{\scriptstyle 9}$	$60{,}38 \cdot 483{,}94$	$\approx 2922{\scriptstyle 0}$
$1{,}2 \cdot 123{,}58$	$\approx 14{\scriptstyle 8}$	$319{,}6 \cdot 0{,}253$	$\approx 80{,}9$

§ 9. Andere Fälle abgekürzter Multiplikation. Praktische Beispiele

Wenn der eine Faktor eine genaue Zahl ist, so wird er zum Multiplikator genommen (gemäß Regel a). Wenn in dem Beispiel $14{,}0 \cdot 3{,}7468$ der erste Faktor ungenau ist, so ist diese Anordnung richtig, und man erhält $52{,}5$; ist der erste Faktor aber die genaue Zahl 14, so müssen die Faktoren ihre Plätze tauschen, und es kommt $52{,}45{\scriptstyle 5}$ heraus.

Ist einer der beiden Faktoren eine n-stellige ungenaue Zahl, die andere eine irrationale Zahl, die auf beliebig viele Stellen berechnet werden kann, so ist sie auf $(n + 1)$ Stellen anzugeben gemäß Regel c.

Sind beide Faktoren irrationale Zahlen, die beliebig weit bekannt sind, so wird man, um ein Ergebnis von vorgeschriebener Genauigkeit zu erhalten, bei beiden Faktoren Überstellen nehmen. Will ich also das Produkt auf n Stellen genau haben, so berechne ich den ersten Faktor auf $(n + 1)$ Stellen, den zweiten auf $(n + 2)$ Stellen.

Hat man ein Produkt von mehr als 2 Faktoren zu berechnen, dann verringert sich naturgemäß die Genauigkeit immer mehr. Indessen hat eine genauere Betrachtung hier keinen besonderen Nutzen, da man in solchen Fällen lieber mit Logarithmen rechnen wird.

Gehen wir nun dazu über, einige Anwendungen der Multiplikation auf praktische Beispiele zu geben, bei denen der Wert des Verfahrens und die Bedeutung der begrenzten Genauigkeit in helles Licht gerückt werden.

1. Man lernt in der Planimetrie, daß die Maßzahl der doppelten Fläche eines Dreiecks gleich dem Produkt der Maßzahlen einer Seite und der zugehörigen Höhe ist, vorausgesetzt, daß beide Strecken mit derselben Einheit gemessen sind. Der geometrische Beweis dieses Satzes ist einfach und zwingend; danach unterliegt es keinem Zweifel, daß die drei Produkte $a h_a$, $b h_b$, $c h_c$ einander gleich sind. Das kann aber nach allem Bisherigen nur bedeuten: Wenn man a) ein Dreieck haarscharf zeichnen, b) die drei Höhen genau fällen und c) die 6 Strecken genau messen könnte, so würden die drei angegebenen Produkte einander gleich sein. Da man keine der drei Bedingungen erfüllen kann, so wird man nur angenäherte Ergebnisse erreichen. Und wie bei diesem Beispiel, so ist es in allen den Fällen, wo es sich in der Geometrie um Berechnung nach wirklich ausgeführten Messungen an gezeichneten Figuren oder an Körpern handelt.

Beispiele: Zeichne Dreiecke von verschiedener Größe und Form mit ihren Höhen, miß die Seiten und Höhen und berechne jedesmal die drei Produkte, die den doppelten Flächeninhalt des Dreiecks ergeben; vergleiche die Ergebnisse bei jedem Dreieck und bilde den Mittelwert. Hängt die Genauigkeit von der Größe des Dreiecks ab? (Antwort: Wenn die Zeichen- und Meßwerkzeuge dieselben bleiben, so ist die Genauigkeit um so geringer, je kleiner das Dreieck ist; macht man das Dreieck immer größer, so stellen sich von einer gewissen Größe ab wieder wachsende Ungenauigkeiten der Zeichnung und Messung ein.) Wenn δ mm die Strichbreite der Seiten a, b, c ist, die auch in mm gemessen sind, so ist die Fläche überhaupt nur bis auf höchstens $(a + b + c)\delta$ qmm bestimmbar.

Zeichne ein Viereck $ABCD$ mit den Diagonalen AC und BD und fälle auf diese Diagonalen von den Ecken Lote. Untersuche die Genauigkeit der Gleichung $ABC + ACD$

$= BDA + BDC$ durch Berechnung des Flächeninhalts auf Grund der Messungen der Diagonalen und der auf sie gefällten Höhen.

2. Zeichne einen Kreis, miß den Durchmesser d und berechne den Umfang πd. Auf wieviel Dezimalen ist π vernünftigerweise zu nehmen? Wie groß ist der Fehler des Umfanges?

Anmerkung. Der roheste praktisch verwendete Wert von π ist 3; er genügt z. B., wenn Eisendraht, der nach Gewicht verkauft wird, in einem Ring gewickelt ist und man die ungefähre Länge wissen will. Man multipliziert dann den mittleren Durchmesser mit der dreifachen Windungszahl. Der meist in der Praxis benutzte Wert 3,14 ist ungenauer und unbequemer als $3\frac{1}{7} = 3{,}142857\ldots$; ungenauer ist er, weil $\pi - 3{,}14 \approx 0{,}001593$, dagegen $3\frac{1}{7} - \pi \approx 0{,}001264$ ist. Bei Anwendung dieser Werte wird für einen Kreis von 1 m Durchmesser der Fehler kleiner als 1,6 mm oder 1,3 mm, vorausgesetzt, daß der Durchmesser auf mm genau gemessen ist. Nimmt man aber den viel gebrauchten Wert 3,1416, der um weniger als 0,00001 zu groß ist, so würde der Fehler bei einem Durchmesser von 100 m noch kleiner als 1 mm sein! Man erkennt daraus, wieviel unnützer Zahlenballast manchmal mitgeschleppt wird. In dem oben verlangten Beispiel wird man am besten $3\frac{1}{7}$ wählen. Ist also der Durchmesser etwa 12,27 cm — wobei die Zehntel-Millimeter bereits geschätzt sind — so ist das Ergebnis 38,56 mm.

```
12,27 · 3 1/7
─────────
36,81
 1 75
─────
38,56
```

3. Den Inhalt J eines geraden Kreiszylinders findet man als vierten Teil des Produktes aus Umfang u, Durchmesser d und Höhe h, also $J = \frac{1}{4} h u d$. Nimm ein Halblitermaß, miß jene drei Größen und sieh zu, welche Abweichung von 500 ccm bei der Berechnung mit der Formel herauskommt.

Welche Korrektur muß man beim Umfang anbringen, wenn man außen herum mißt und die Wandstärke berücksichtigen will?

4. Ein rechteckiges Zimmer ist 4,00 m lang, 3,50 m breit und 3,70 m hoch, welches Gewicht hat die in ihm enthaltene Luft? Die Maße sind bis auf cm genau, Tür und Fenster sollen nicht mit berücksichtigt werden; ein Liter Luft wiegt

1,293 g bei 0⁰ und 760 mm Barometerstand. Man hat das Volumen (51,8 cbm) mit 1,29 zu multiplizieren; dann erhält man das Gewicht in kg. (66,8 kg.)

§ 10. Abgekürzte Division

Die Darlegungen können hier sehr kurz gefaßt werden. Zunächst ist klar, daß weder Nullen angehängt, noch wie bei der gewöhnlichen Division, Stellen heruntergezogen werden dürfen; wir stellen daher fest:

a) Die genauere der beiden Zahlen ist nötigenfalls soweit abzukürzen, daß die erste Stelle des Quotienten wie bei der gewöhnlichen Division berechnet werden kann.

Soll also z. B. der dritte Teil von 0,7486 berechnet werden, so hätte man streng genommen zu schreiben 0,7486 : 3,000 = 0,2495, denn die genaue Zahl 3 ist ja mit unendlich vielen Nullen hinter dem Komma zu denken. Man wird natürlich jene 4 Nullen nicht ausdrücklich hinschreiben. Wenn das erste Teilprodukt vom Dividenden abgezogen ist, so muß man, um weiter dividieren zu können, die letzte Stelle des Divisors streichen und von ihrem Produkt nur den Übertrag rechnen usw. Wir haben daher weiter:

b) Für jede weitere Stelle des Quotienten wird von rechts her eine Stelle des Divisors abgekürzt und von ihrem Produkte nur der Übertrag gerechnet.

c) Die letzte Stelle des Quotienten ist meist so ungenau, daß sie klein geschrieben zu werden verdient.

Eine besondere Plage bildet erfahrungsgemäß die Bestimmung des Dezimalkommas. Man kann, wie bei der gewöhnlichen Division, eine Verschiebung der Kommata vornehmen; man kann aber auch eine der beiden folgenden Regeln benutzen:

d) Man bestimmt den Wert der ersten Stelle des Quotienten, indem man die Werte der ersten Stellen des Dividenden und des Divisors durcheinander dividiert.[1]

e) Man addiert die Anzahl der nicht abgekürzten Dezimalen

---

[1] Diese Kommabestimmung sollte ganz allgemein eingeführt und gründlich geübt werden. Sie ist *naturgemäß* und führt außerdem bei *Überschlagsrechnungen* schnell zum Ziele. Auch fördert sie das *Verständnis der Dezimalzahlen* mehr als alles andere.

Division

des Dividenden und die Zahl der gestrichenen Stellen des Divisors; davon subtrahiert man die Anzahl der Dezimalen des Divisors. Die Differenz gibt die Zahl der Dezimalen des Quotienten. *Dabei werden kleine Nullen durch eine negative Zahl angedeutet.*

An einigen Beispielen werden die Regeln sofort klar werden.

1. $\quad 0{,}01357\overset{\text{\tiny '}}{9} : 2\overset{\text{\tiny '}}{6}{,}\overset{\text{\tiny '}}{5} \approx 0{,}00051_2$
    $\quad\quad 1325$
    $\quad\quad \overline{33}\quad$ Regel d) $\frac{1}{1000} : 10 = \frac{1}{10000}$
    $\quad\quad\underline{27}\quad$ Regel e) $5 + 2 - 1 = 6$
    $\quad\quad\overline{6}$
    $\quad\quad\underline{5}$

Erläuterung: Zur Bestimmung der ersten Stelle des Quotienten hat man 13 durch 2 zu dividieren; die Werte sind $\frac{1}{1000}$ und 10 und deren Quotient ist $\frac{1}{10000}$, also ist die erste Stelle des Quotienten 0,0005. Nach Regel e) erhält man 6 Dezimalen des Quotienten, denn der Divisor hat 5 unabgekürzte Dezimalen, im Divisor sind 2 Stellen abgekürzt worden und er hatte selbst eine Dezimale.

2. $\quad 346_0 : 0{,}0\overset{\text{\tiny '}}{9}\overset{\text{\tiny '}}{5}\overset{\text{\tiny '}}{4}\overset{\text{\tiny '}}{1} \approx 36_{300}$
    $\quad286$
    $\quad\overline{60}\quad$ d) $100 : \frac{1}{100} = 10000$
    $\quad\underline{57}\quad$ e) $-1 + 4 - 5 = -2$
    $\quad\overline{3}$

Erläuterung: Vom Divisor sind die beiden letzten Stellen von vornherein zu streichen.

3. Berechne den 23ten Teil von 76,9486.

$\quad 76{,}9486 : 2\overset{\text{\tiny '}}{3} \approx 3{,}3455_9$
$\quad\underline{79}\,|\,\,|\,\,|$
$\quad\overline{104}\,|\,\,|\quad$ d) $10 : 10 = 1$
$\quad\underline{128}\,|$
$\quad\overline{136}$
$\quad\underline{21}$

Erläuterung: Da 23 eine genaue Zahl ist, so müssen wir uns 4 Nullen angehängt denken; das Herunterziehen der

Stellen des Dividenden ist daher nur eine scheinbare Ausnahme von der Regel a).

4. Berechne das Reziprokum von 1,4142.

$$1{,}00000 : 1{,}4\overset{\text{...}}{1}\overset{\text{.}}{4}\overset{\text{.}}{2} \approx 0{,}7071_1$$

```
   98994
   ─────
    1006
     990
    ────
      16
      14
      ──
       2
```

d) $\frac{1}{10} : 1 = \frac{1}{10}$

Erläuterung: Man hängt an die 1 des Dividenden 5 Nullen an — nach Regel a).

Was die Genauigkeit anlangt, so genügt die Hinzufügung, daß ja die Division die Umkehrung der Multiplikation ist. Wenn man also nach obigem Verfahren $a:b \approx c$ ausgerechnet hat, so ist $a \approx b \cdot c$, man kann also nach den bei der Multiplikation ausgeführten Überlegungen die Genauigkeit von c prüfen.

Übungsbeispiele:

$$3{,}746 : 2{,}193 \approx 1{,}708_2$$
$$0{,}034706 : 92{,}85 \approx 0{,}0003738$$
$$6{,}53874 : 0{,}002928 \approx 223_3$$
$$69{,}02 : 0{,}87215 \approx 79{,}14$$
$$1 : 0{,}382719 \approx 2{,}61288$$
$$1 : 56{,}034 \approx 0{,}017846_3$$
$$1 : 0{,}009675 \approx 103{,}3_6$$
$$1 : 219{,}3 \approx 0{,}00456_0$$
$$1 : 0{,}0071 \approx 141$$

Anwendungen

1. Als erste praktische Verwendung der abgekürzten Division sei die Prozentrechnung besprochen, und zwar die Bestimmung des sogenannten *Prozentsatzes*. Man erinnere sich, daß $p\%$ von einer Stammgröße k nichts anderes bedeutet

als p Hundertstel von k, oder, wenn wir diese Zahl mit z bezeichnen, daß

(1) $$z = \frac{kp}{100}$$

ist. Ist umgekehrt neben k noch z gegeben, so ist der Prozentsatz p durch die Gleichung bestimmt:

(2) $$p = \frac{100z}{k}.$$

Wenn k eine Geldsumme, ein Kapital bedeutet und z die Zinsen eines Jahres etwa, so geht die Division in den Fällen der Praxis natürlich auf. Man verwendet aber den Begriff der Prozente bekanntlich auch mit Vorteil in mannigfachen anderen Fällen, besonders wenn es sich um Gewinnung von *Vergleichszahlen* handelt. So lasen wir jüngst in den Zeitungen die Verluste an Toten neben den Anzahlen der Mobilisierten im Weltkriege bei einigen unserer Feinde:

	Tote	Mobilisierte	%
Frankreich	1 385 000	8 Millionen	
England	835 000	5,7 „	
Amerika	51 000	3,8 „	
Italien	569 000	5 255 000	
Belgien	38 172	380 000	
Portugal	8 367	200 000	

Die „absoluten" Zahlen der Toten dieser Tabelle werden in „relative" Zahlen oder Vergleichszahlen umgewandelt, indem man feststellt, *der wievielte Teil der Mobilisierten gefallen ist*, oder üblicherweise, *wieviel von Hundert* dem Tode zum Opfer fielen. Nach Formel (2) ist also zu rechnen: $100 \cdot 1\,385\,000 : 8\,000\,000$, oder indem wir durch $1\,000\,000$ kürzen: $138{,}5 : 8 \approx 17{,}3$. Ebenso rechnen wir weiter

$83{,}5 : 5{,}7 \approx 14{,}6; \quad 5{,}1 : 3{,}8 \approx 1{,}34; \quad 56{,}9 : 5{,}255 \approx 10{,}8;$
$3{,}8172 : 0{,}38 \approx 10{,}0; \quad 0{,}8367 : 0{,}2 \approx 4{,}18.$

Trägt man die Zahlen in die obige Tabelle ein, so hat man Zahlen, die ohne weiteres unter einander vergleichbar sind.

Die Sterblichkeit in jeder Woche in den deutschen Städten wird in Promille auf das Jahr berechnet. Wenn z. B. in einer bestimmten Woche in einer Stadt von 157 000 Einwohner

39 Todesfälle gemeldet sind, so rechnet man zunächst $39 \cdot 52 = 2028$ Todesfälle aufs Jahr. Diese für 157000 geltende Zahl muß nun noch auf 1000 umgerechnet werden; $2028 : 157 \approx 12{,}9$.

2. Um wieviel Prozent ist ein Kreis größer als ein Quadrat, das denselben Umfang hat?

Hat das Quadrat die Seite a, so ist der Umfang $4a$ und der Inhalt a^2. Ist der Kreisradius r, so soll $2\pi r = 4a$ sein, also ist $r = \dfrac{2}{\pi} a$ und der Kreisinhalt ist $\pi r^2 = \dfrac{4}{\pi} a^2$. Der Kreis ist also um $\left(\dfrac{4}{\pi} - 1\right) a^2$ größer als das Quadrat, der gesuchte Prozentsatz ist demnach $100 \left(\dfrac{4}{\pi} - 1\right)$; wieviel ist das?

3. *Der Nutzeffekt einer Dampfmaschine.* Wenn man zu einer in Celsiusgraden gemessenen Temperatur t noch 273^0 hinzuzählt, so erhält man die sogenannte *absolute* Temperatur T. Ist T_1 die Temperatur des Dampfes, T_2 die des Kondensators, so ist der *theoretisch* höchst-mögliche Nutzeffekt η der Dampfmaschine, d. h. der Teil der Wärmeenergie, der höchstens in mechanische Arbeit umgewandelt werden kann, durch die Formel gegeben

$$\eta = \frac{T_1 - T_2}{T_1}.$$

Hat man also Dampf von 190^0 C $= 463^0$ abs. und hält man den Kondensator auf 40^0 C $= 313^0$ abs., so ist

$$\eta = 150 : 463 \approx 0{,}32 \text{ oder } 32\%.$$

Berechne η für Dampf von 100^0 C, 120^0 C, 150^0 C, wenn der Kondensator stets 40^0 C hat.

4. Unter normalen Verhältnissen bezahlte man in der Schweiz für 100 Fr. ungefähr 80 M. Wenn man 160 M dafür bezahlen muß, so kann man sagen, daß die Mark nur noch 50 Pfennig wert ist, oder daß 100 M soviel Wert haben, wie früher 50 M. Muß man a M für 100 Fr. bezahlen, so gelten 100 M soviel wie $8000 \text{ M} : a$. Ist z. B. $a = 273{,}50$ M, so rechnet man $8000 \text{ M} : 273{,}50 \approx 29{,}25$ M. Berechne dasselbe für $a = 126\tfrac{3}{4}$ M und für $a = 452\tfrac{1}{2}$ M.

5. Das *spezifische Gewicht* eines Körpers kann erklärt werden als das in Gramm gemessene Gewicht von 1 Kubik-

Division 23

zentimeter desselben, wir erhalten es demnach, indem wir das Gewicht irgendeiner Menge des Körpers durch die Maßzahl ihres Volumens dividieren. Bei festen Körpern und Flüssigkeiten benutzt man meist die Tatsache, daß 1 ccm Wasser (bei 4^0 C) nach gesetzlicher Bestimmung[1]) 1 g wiegt.

Ein Stück Quarz wiege in Luft z. B. 53,73 g, in Wasser gehängt 33,29 g; dann ist das Gewicht des gleichen Volumens Wasser 53,73 g — 33,29 g = 20,44 g, das Volumen des Quarzes ist demnach 20,44 ccm. Daher ist das spezifische Gewicht des Quarzstückes

```
5 3,7 3 g : 20,44 ≈ 2,63 g
4 0,8 8
─────
1 2 8 5
1 2 2 6
─────
    5 9
```

6. Unter der *mittleren Geschwindigkeit* eines bewegten Körpers versteht man den Quotienten aus Weg und Zeit. Wenn also ein Personenzug 9^{01} in Naumburg abfährt und 11^{18} in Saalfeld ankommt, so braucht er für die 85,9 km lange Strecke 137 Minuten. Seine Geschwindigkeit ist dann 85,9 km : 137 min = 0,627 km/min. Jedes Kursbuch gibt eine große Zahl solcher praktischen Anwendungen.

Als Fundgrube für weitere wertvolle Beispiele aus der Weltwirtschaft sei der 7. Teil der Geographie von E. v. Seydlitz (F. Hirt & Sohn) genannt, besonders aber das Statistische Jahrbuch für das Deutsche Reich.

DRITTER ABSCHNITT
POTENZEN UND WURZELN

§ 11. Das Quadrieren genauer Zahlen und das Wurzelziehen aus Quadraten

Das Quadrat einer Dezimalzahl wird wie das Quadrat eines Polynoms gebildet. Aus der Formel:

$$(a+b+c+d)^2 = (a+b+c)^2 + 2(a+b+c)d + d^2$$
$$= (a+b+c)^2 + (2a+2b+2c+d)d$$

---

[1]) Eigentlich ist das Gramm nicht als Gewicht, sondern als Masse definiert.

Potenzen und Wurzeln

ergibt sich leicht, wie man bei beliebig vielen Summanden zu verfahren hat. Für jedes Glied, das hinzukommt, sind die vorhergehenden Glieder zu verdoppeln, das neue Glied ist einfach zu nehmen und die Summe mit dem neuen Gliede zu multiplizieren. So erhält man das Schema:

$$(a + b + c + d + e + \cdots)^2 = a^2$$
$$+ (2a + b)b$$
$$+ (2a + 2b + c)c$$
$$+ (2a + 2b + 2c + d)d$$
$$+ (2a + 2b + 2c + 2d + e)e$$
$$\cdots\cdots\cdots\cdots\cdots\cdots$$

So ist z. B. $37{,}49 = 30 + 7 + \frac{8}{10} + \frac{9}{100}$,
$\phantom{37{,}49} = a + b + c + d \qquad$ dann wird:

$37{,}49^2 =$	$9\ ..$	a^2
$67\cdot 7$	$469{,}..$	$(2a+b)b$
$744\cdot 4$	$2976..$	$(2a+2b+c)c$
$7489\cdot 9$	67401	$(2a+2b+2c+d)d$
	$1405{,}5001$	

Offenbar muß man bei jeder Zeile 2 Stellen nach rechts ausrücken. Die Rechnung links pflegt man dadurch etwas kürzer zu machen, daß man nur die verdoppelten Zahlen hinschreibt, und zwar zur größeren Übersichtlichkeit *klein*.

$0{,}0239641^2 =$	$0{,}0004..$	$(\tfrac{1}{100})^2 = \tfrac{1}{10000}$!
4	$129..$	
46	$4221..$	
478	$28716..$	
4792	$191696..$	
47928	479281	
	$0{,}00057427808881$	

Erläuterung: Jede Stelle nach dem Komma beansprucht 2 Stellen im Quadrate.

Soll nun umgekehrt aus einer Quadratzahl die Wurzel gezogen werden, so teile man zuerst die Zahl vom Komma aus nach rechts und links in Abteilungen von je 2 Ziffern; jeder solchen Abteilung entspricht eine Stelle der Wurzel.

Das weitere Verfahren ist ebenso eine Umkehrung des oben gelehrten Quadrierens, wie die Division eine Umkehrung der Multiplikation ist. Als erstes Beispiel sei dem Leser die Umkehrung des obigen ersten Beispiels überlassen. Wir führen sodann das zweite Beispiel aus:

$$\sqrt{0{,}0\,0'0\,5'7\,4'2\,7'8\,0'8\,8'8\,1} = 0{,}0\,2\,3\,9\,6\,4\,1$$

```
      4
    ─────
    1 7 4           4
    1 2 9          46
    ─────         478
    4 5 2 7      4792
    4 2 2 1     47928
    ─────
    3 0 6 8 0
    2 8 7 1 6
    ─────────
    1 9 6 4 8 8
    1 9 1 6 9 6
    ───────────
      4 7 9 2 8 1
      4 7 9 2 8 1
```

Erläuterung: Die Teilprodukte sind die nämlichen, wie oben beim Quadrieren; die kleinen Zahlen rechts sind die Divisoren.

$$\sqrt{4\,1\,2{,}2\,5\,2\,4\,1\,6} = 2\,0{,}3\,0\,4$$

```
    4
  ─────
  1 2 2 5         4060
  1 2 0 9
  ─────────
    1 6 2 4·1 6
    1 6 2 4 1 6
```

Weitere Beispiele möge sich der Leser selbst bilden. Es wird erst eine Zahl quadriert und dann aus dem Quadrat die Wurzel gezogen.[1])

───────────

1) Man muß durch einen Zwang, den man sich selbst antut, das *geistige Beharrungsvermögen* — um das einmal so zu bezeichnen — überwinden, das einen überreden will, die Quadratbildung durch gewöhnliche Multiplikation zu erreichen. Wenn man sich einmal an das oben gelehrte Quadrieren — das ja tatsächlich leichter zum Ziele führt — *gewöhnt* hat, dann wird man es stets anwenden. Ohne Übung ist auch hier nichts zu erreichen. Wer rechnen lernen will, muß ebenso üben, wie jemand Fingerübungen machen muß, um Klavierspielen zu lernen.

§ 12. Abgekürztes Quadrieren und Wurzelziehen

Offenbar darf beim Quadrieren einer ungenauen Zahl nur die Hälfte der Stellen wie gewöhnlich berechnet werden; für die andere Hälfte reduziert sich das Verfahren auf eine abgekürzte Multiplikation. Der Grund dafür liegt darin, daß das Ergebnis doch nicht genauer werden kann als die gegebene Zahl. Der Leser untersuche die Gleichungen.

$$(a \pm \tfrac{1}{2})^2 = a^2 \pm a + \tfrac{1}{4}.$$

An Beispielen wird das leicht klar werden:

(1) $0{,}4165^2 \approx 0{,}16..$
```
    8̀2́         81
                49
                 4
             ───────
             0,1734
```
Erläuterung: 41 gibt verdoppelt 82; da nun nur noch um 2 Stellen ausgerückt werden darf, so müssen dafür 2 Stellen abgekürzt werden, so daß also die Multiplikation $8\grave{2} \cdot 65$ abgekürzt auszuführen ist.

(2) $93{,}746^2 \approx 81..,$
```
   1 8̀ 6̀ 7́       5 4 9 .
                  1 3 0 7
                     7 4
                      1 1
                 ─────────
                 8 7 8 8,2
```
Erläuterung: Hier darf bei der dritten Reihe nur noch um 1 Stelle ausgerückt werden, also muß man 1 Stelle abkürzen, es ist mithin zu rechnen $18\grave{6}7 \cdot 746$.

Weitere Beispiele:

$3{,}07654^2 \approx 9{,}46510$

$630{,}428^2 \approx 397439$

$0{,}1297^2 \approx 0{,}01682$

$43765^2 \approx 19153{,}8 \cdot 10^5$

$7{,}7777^2 \approx 60{,}4926$

$1{,}00007^2 \approx 1{,}00014$

$316{,}229^2 \approx 100000{,}8$

$141{,}42^2 \approx 20000$

$447{,}214^2 \approx 200000$

Beim abgekürzten Wurzelziehen wird ebenfalls die Hälfte der Stellen wie gewöhnlich berechnet; für die andere Hälfte reduziert sich das Verfahren auf eine abgekürzte Division. Soll die Quadratwurzel aus einer genauen Zahl gezogen werden, die nicht selbst eine Quadratzahl ist, so hängt man die *erforderliche* Zahl von Nullen an.

Quadrieren und Wurzelziehen

(1) $\sqrt{4{,}34'98} \approx 2{,}085\,6$

```
 4
────
3498    40        Hier war durch 416 zu
3264    41̇6̇       dividieren.
────
 234
 208
 ───
  26
  25
```

(2) $\sqrt{5}$ ist auf 6 Dezimalen zu berechnen.

$\sqrt{5{,}00'00'00'00} \approx 2{,}236068$

```
 4
────
 100           446
  84           447̇2̇
────
1600
1329
─────
27100          Man versieht den Radi-
26796          kanden mit 7 Dezimalen, um
─────          im Ergebnis die 6ᵗᵉ Dezimale
 3040          sicherer zu erhalten. Es ist
 2683          natürlich nicht nötig, die
 ────          Nullen oben hinzuschreiben.
  357
  358
```

(3) $\sqrt{0{,}2}$ ist auf 5 Dezimalen zu berechnen.

$\sqrt{0{,}20} \approx 0{,}44721\,4$

```
 16
────
 400     88̇
 336     8̇94
────
6400
6209             Man berechnet 3 Dezi-
────             malen wie gewöhnlich. Dann
 191             dividiert man durch 894̇.
 179
 ───
  12
   9
  ──
   3
```

Weitere Beispiele.

$\sqrt{4{,}3019} \approx 2{,}0741$

$\sqrt{692{,}11} \approx 26{,}308$

$\sqrt{20408{,}0} \approx 142{,}857$

$\sqrt{0{,}308636} \approx 0{,}55555$

$\sqrt{2} \approx 1{,}414214$

$\sqrt{\sqrt{2}} = \sqrt[4]{2} \approx 1{,}189207$

$\sqrt{\sqrt[4]{2}} = \sqrt[8]{2} \approx 1{,}090508$

$\sqrt{\sqrt[8]{2}} = \sqrt[16]{2} \approx 1{,}044274$

$\sqrt{10 + 2\sqrt{5}} \approx 3{,}804226$

$\sqrt{10} \approx 3{,}1623$

Berechne die 4te, 8te, 16te, 32te ... Wurzel von 10.

Praktische Beispiele

1. Der gerade Weg ist am kürzesten, so lernt man; die Summe zweier Seiten eines Dreiecks ist größer als die dritte, das ist ein bekannter Satz. Wenn also jemand von A nach B gehen will, so macht er einen Umweg, wenn er erst nach C und dann „im rechten Winkel" nach B geht. Um wieviel ist nun die Hypotenuse c kleiner als die Summe $a + b$ der Katheten?

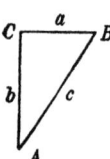

Sei etwa $b = 100$ m und a der Reihe nach 25 m, 50 m, 75 m und 100 m, so werden wir nach dem pythagoreischen Lehrsatze c berechnen und darauf die Differenz $a + b - c$ in Prozenten von $a + b$ ausdrücken. Das gibt für den ersten Fall:

$c = \sqrt{100^2 + 25^2} = 25\sqrt{17} \approx 25 \cdot 4{,}123 \approx 103{,}1$

$a + b - c \approx 22; \quad p = 100 \cdot 22 : 125 \approx 17{,}6\%.$

In den weiteren Fällen erhält man:

$c = \sqrt{100^2 + 50^2} = 50\sqrt{5} \approx 50 \cdot 2{,}236 \approx 111{,}8$

$a + b - c \approx 38; \quad p \approx 100 \cdot 38 : 150 \approx 25{,}3\%$

$c = \sqrt{100^2 + 75^2} = 25\sqrt{25} = 125$

$a + b - c = 50; \quad p = 100 \cdot 50 : 175 \approx 28{,}6\%$

$c = \sqrt{100^2 + 100^2} = 100\sqrt{2} \approx 141{,}4$

$a + b - c \approx 59; \quad p \approx 5900 : 200 \approx 29{,}5\%.$

Die praktischen Folgerungen unter Berücksichtigung der Güte der Wege kann man aus diesen Zahlen leicht ziehen. Der Radfahrer z. B. wird lieber über C fahren, wenn der gerade Weg eine schlechtere Straße ist.

2. Ein zylindrisches Gefäß von 35 cm Höhe soll 20 l fassen. Wie groß muß der Durchmesser genommen werden?

Setzt man $\pi \approx 3\frac{1}{7}$, so kommt für den Durchmesser d die Gleichung:

$$\tfrac{1}{4}\pi d^2 h \approx \frac{22}{4\cdot 7} d^2 \cdot 35 = 27{,}5 d^2 \approx 20000$$

$$d \approx \sqrt{20000 : 27{,}5} \approx \sqrt{727} \approx 27$$

$$\begin{array}{cc} 75 & 327 \quad 4 \\ \overline{20} & -\ 329 \end{array}$$

Der Durchmesser muß also 27 cm sein.

3. Wenn man, wie üblich, mit s den halben Umfang eines Dreiecks bezeichnet: $s = \tfrac{1}{2}(a + b + c)$, so läßt sich der Inhalt des Dreiecks durch die sogenannte Heronische Formel

$$\Delta = \sqrt{s(s-a)(s-b)(s-c)}$$

darstellen. Berechne den Inhalt des Dreiecks für die folgenden Fälle, in denen die Zahlen in cm gegeben sind:

a	4	6,2	39,7
b	3	5,4	28,6
c	2	4,8	26,5

ANHANG

Es mag hier darauf aufmerksam gemacht werden, daß man unter Umständen mit Abkürzungen von Zahlen vorsichtig sein muß. Man kann gelegentlich dabei zu falschen und sogar unsinnigen Ergebnissen kommen. Ein besonders lehrreiches Beispiel bietet folgende Aufgabe:

Gegeben ist eine Kugel vom Radius r und der umgeschriebene Kreiszylinder. Wie groß ist der Radius ϱ und der Inhalt einer Kugel, die die gegebene Kugel, den Mantel des Zylinders und dessen Grundfläche berührt?

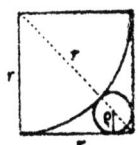

Man erhält $p = r\dfrac{\sqrt{2}-1}{\sqrt{2}+1} = r(\sqrt{2}-1)^2 = r(3-2\sqrt{2})$

für den gesuchten Radius; beim Kugelinhalt tritt demnach der Faktor

$$\left(\dfrac{\sqrt{2}-1}{\sqrt{2}+1}\right)^3 = (\sqrt{2}-1)^6 = (3-2\sqrt{2})^3 = 99 - 70\sqrt{2}$$

auf. Rechnet man $\sqrt{2} = 1{,}4142$, so wird $3 - 2\sqrt{2} = 0{,}1716$, und nimmt man $\sqrt{2} = 1{,}4142135624$, so erhält man $99 - 70\sqrt{2} = 0{,}005050632$. Bedient man sich aber der für manchen Überschlag genügenden Annäherungen $\tfrac{7}{5}$ und $\tfrac{17}{12}$ für $\sqrt{2}$, so sind die Ergebnisse der Rechnungen nach den einzelnen Formeln, wie aus der folgenden Tabelle zu ersehen, zum Teil recht abweichend und zunächst verwunderlich.

$\sqrt{2}$	$\dfrac{\sqrt{2}-1}{\sqrt{2}+1}$	$(\sqrt{2}-1)^2$	$3-2\sqrt{2}$	$\left(\dfrac{\sqrt{2}-1}{\sqrt{2}+1}\right)^3$
$\tfrac{7}{5}$	$\tfrac{1}{6} \approx 0{,}16667$	$\tfrac{4}{25} = 0{,}16000$	$\tfrac{1}{5} = 0{,}20000$	$\tfrac{1}{216} \approx 0{,}0046296$
$\tfrac{17}{12}$	$\tfrac{5}{29} \approx 0{,}17241$	$\tfrac{25}{144} \approx 0{,}17361$	$\tfrac{1}{6} \approx 0{,}16667$	$\tfrac{125}{24389} \approx 0{,}0051253$

$\sqrt{2}$	$(\sqrt{2}-1)^6$	$(3-2\sqrt{2})^3$	$99 - 70\sqrt{2}$
$\tfrac{7}{5}$	$\tfrac{64}{15625} = 0{,}0040960$	$\tfrac{1}{125} = 0{,}0080000$	1
$\tfrac{17}{12}$	$\tfrac{15625}{144^2} \approx 0{,}0052328$	$\tfrac{1}{216} \approx 0{,}0046296$	$-\tfrac{1}{6}$

Lehrreich ist namentlich die letzte Spalte!

Der soeben benutzte Näherungswert $\tfrac{17}{12}$ für $\sqrt{2}$ kann übrigens in einfacher Weise mit dem Näherungswert $\tfrac{22}{7}$ für π in Zusammenhang gebracht werden. Huygens hat bewiesen, daß man einen Kreisbogen AB angenähert strecken kann, wenn man den Radius $r = AM$ noch zweimal bis C abträgt und dann CB bis zum Schnittpunkt T mit der Tangente in A zieht.

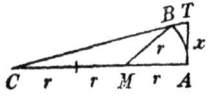

Die Strecke $AT = x$ ist für Winkel $AMB < 60°$ mit weniger als 1% Fehler gleich dem Bogen AB. Wählt man $45°$ als Mittelpunktswinkel, so wird der Näherungswert von π:

$$\dfrac{4x}{r} = \dfrac{12}{7}(2\sqrt{2}-1) \approx \dfrac{22}{7}, \text{ wenn } \sqrt{2} \approx \dfrac{17}{12}.$$

Würde man einen genaueren Wert von $\sqrt{2}$ benutzen, so erhielte man weit schlechtere Annäherungen an π.

§ 13. Näherungsformeln

Wenn auch die bisherigen Regeln an sich ausreichen, um jede Berechnung mit der in der Natur der Aufgabe begründeten Genauigkeit auszuführen, so kann man doch in vielen Fällen in noch kürzerer und bequemerer Weise zum Ziele kommen. Es gibt eine große Gruppe von Aufgaben, bei denen man von vornherein zu entscheiden vermag, daß gewisse Stellen ohne Einfluß auf das Ergebnis sein werden. Für solche Fälle kann man Näherungsformeln aufstellen. Wir haben schon in § 12 unter den Übungsbeispielen einen solchen Fall gehabt; da sollte $1{,}00007^2$ gebildet werden und man fand $1{,}00014$. Bei genauerem Zusehen wird man entdecken, daß in der Tat die 7 einfach zu verdoppeln war. Ebenso erhält man umgekehrt $\sqrt{1{,}0036} = 1{,}0018$, die 36 ist zu halbieren! Wie das zugeht, sieht man ja glatt aus der Rechnung und man wird sofort das Ergebnis haben: Besteht der Radikand aus einer 1, die dann nach dem Komma p Nullen und darauf p Stellen hat, so ist die Quadratwurzel eine 1 mit p Nullen, auf die die Hälfte jener p-stelligen Zahl folgt. So ist $\sqrt{1{,}000792} = 1{,}000396$, was der Leser genau nachrechnen möge. Solcherart sind die Aufgaben, die wir zu untersuchen haben.

Im folgenden sollen griechische Buchstaben Zahlen bedeuten, die so klein sind, daß ihre Quadrate und ebenso die Produkte von zwei solchen Zahlen über die Grenzen der Genauigkeit hinausgehen, daher als unbeträchtlich weggelassen werden müssen. Betrachten wir sofort als Beispiel das Produkt $(1 + \alpha)(1 + \beta) = 1 + \alpha + \beta + \alpha\beta$, in Zahlen etwa $1{,}03 \cdot 1{,}05$, ausgerechnet $1{,}08$; wir sehen also, daß hier das Produkt $\alpha\beta = 0{,}0015$ in Wegfall kommt. Daher können wir als erste Formel anschreiben

(1) $\qquad (1 + \alpha)(1 + \beta) \approx 1 + \alpha + \beta.$

Offenbar können α und β auch negativ sein, wenn sie nur bezüglich ihrer absoluten Größe die oben aufgestellte Bedingung erfüllen. So ist also

$$0{,}9996 \cdot 0{,}9993 \approx 0{,}9989,$$

denn wir können das Produkt ja schreiben

$$(1 - 0{,}0004)(1 - 0{,}0007) \approx 1 - 0{,}0011.$$

Weitere Beispiele möge sich der Leser selbst bilden, z. B. auch mit positivem α und negativem β.

Wir betrachten den besonderen Fall, daß $\alpha = -\beta$ ist; dann lautet die Formel $(1+\alpha)(1-\alpha) \approx 1$, und daraus ziehen wir sofort eine neue Doppelformel

(2) $$\frac{1}{1+\alpha} \approx 1-\alpha; \quad \frac{1}{1-\alpha} \approx 1+\alpha.$$

So ist also $1 : 1,0074 \approx 0,9926$ und $1 : 0,9931 \approx 1,0069$, was offenbar erfreulicher zu rechnen ist, als wenn man die Divisionen ausführen müßte!

Setzen wir $\alpha = \beta$ in Formel (1), so ergeben sich neue Formeln:

(3) $$\begin{cases} (1+\alpha)^2 \approx 1+2\alpha; & \sqrt{1+2\alpha} \approx 1+\alpha \\ (1-\alpha)^2 \approx 1-2\alpha; & \sqrt{1-2\alpha} \approx 1-\alpha. \end{cases}$$

Ihre Anwendungen besprachen wir ja zum Teil schon oben.

So ist $\sqrt{0{,}999834} \approx 0{,}999917$, denn die Hälfte von 166 ist 83.

Hat man mehr als 2 Faktoren, so erhält man

$$(1+\alpha)(1+\beta)(1+\gamma)(1+\delta)\ldots \approx 1+\alpha+\beta+\gamma+\delta+\ldots,$$

vorausgesetzt, daß man die Summe aller anderen Glieder weglassen darf, was dann leicht zu übersehen ist, wenn die Anzahl der Faktoren nicht allzu groß ist. Setzt man hier $\alpha = \beta = \gamma = \delta = \cdots$ und nimmt n Faktoren an, so ergeben sich die Formeln:

(4) $$(1 \pm \alpha)^n \approx 1 \pm n\alpha; \quad \sqrt[n]{1 \pm n\alpha} \approx 1 \pm \alpha.$$

So ist $\sqrt[3]{1{,}0027} \approx 1{,}0009$; $\sqrt[5]{0{,}99935} \approx 0{,}99987$.

Durch Anwendung der beiden Formelgruppen (2) und (3) gewinnt man die Beziehungen:

(5) $$\begin{cases} \dfrac{1}{(1+\delta)^2} \approx 1-2\delta; & \dfrac{1}{(1-\delta)^2} \approx 1+2\delta \\[4pt] \dfrac{1}{\sqrt{1+\delta}} \approx 1-\tfrac{1}{2}\delta; & \dfrac{1}{\sqrt{1-\delta}} \approx 1+\tfrac{1}{2}\delta. \end{cases}$$

Beispielsweise ist $\dfrac{1}{\sqrt{0,99926}} \approx 1{,}00037$.

Das besondere Merkmal aller dieser Beispiele war, daß neben den sehr kleinen Größen α, β, γ, ... nur die Einheit auftrat. Es ist aber leicht, die Formeln zu verallgemeinern, wenn man sich der Beziehung bedient:

(6) $$a \pm \alpha = a\left(1 \pm \dfrac{\alpha}{a}\right).$$

Durch diese Formel kann man allgemeine Fälle auf den besonderen Fall zurückführen. Betrachten wir z. B. einen Bruch, dessen Zähler und Nenner eine kleine Differenz haben, so ergibt sich leicht

(7) $$\dfrac{a}{a \pm \alpha} = \dfrac{1}{1 \pm \dfrac{\alpha}{a}} \approx 1 \mp \dfrac{\alpha}{a}.$$

Da man den letzten Ausdruck auch $\dfrac{a \mp \alpha}{a}$ schreiben kann, so ergibt sich die Regel, daß man bei einem solchen Bruch Zähler und Nenner um ihre Differenz vermehren bzw. vermindern darf. Näher soll hierauf nicht eingegangen werden. Ferner erhält man folgende Entwicklung:

$$\sqrt{a^2 + \alpha} = \sqrt{a^2\left(1 + \dfrac{\alpha}{a^2}\right)} = a\sqrt{1 + \dfrac{\alpha}{a^2}} \approx a\left(1 + \dfrac{\alpha}{2a^2}\right)$$

und daraus die Formel

(8) $$\sqrt{a^2 + \alpha} \approx a + \dfrac{\alpha}{2a}.$$

Man kann aber die Formel (8) noch erheblich verschärfen, indem man eine obere und eine untere Grenze für die Quadratwurzel aufstellt.[1]) Zunächst sieht man sofort, daß

(8a) $$a < \sqrt{a^2 + \alpha} < a + 1$$

sein muß; wir wollen diese Beziehung geradezu als Bedingung für die Größe α festhalten. Nehmen wir z. B. $a = 5$, so

---

[1]) Vgl. Witting-Gebhardt, Beispiele zur Geschichte der Mathematik, Bd. 15 dieser Sammlung, 2. Aufl. Leipzig, B. G. Teubner, 1922, S. 44–47.

muß α kleiner als 11 sein, denn es ist ja $5^2 + 11 = 6^2$. Allgemein ergibt sich durch Quadrieren von (8a) die Bedingung

(8b) $$0 < α < 2a + 1.$$

Daraus folgt aber leicht, daß die gesuchte Beziehung lautet

(8c) $$a + \frac{α}{2a+1} < \sqrt{a^2 + α} < a + \frac{α}{2a}.$$

Durch Quadrieren ergibt sich nämlich für den linksstehenden Ausdruck

$$a^2 + \frac{2aα}{2a+1} + \left(\frac{α}{2a+1}\right)^2 = a^2 + α - \frac{α}{2a+1}\left(1 - \frac{α}{2a+1}\right);$$

da der Klammerausdruck wegen (8b) positiv ist, so ist der ganze Ausdruck kleiner als $a^2 + α$.

Quadriert man den rechtsstehenden Ausdruck, so kommt

$$a^2 + α + \frac{α^2}{4a^2},$$

was offenbar größer als $a^2 + α$ ist.

Danach erhält man z. B. die Ungleichungen[1])

$$1\tfrac{1}{3} < \sqrt{2} < 1\tfrac{1}{2}; \quad 1\tfrac{2}{3} < \sqrt{3} < 2; \quad 4\tfrac{1}{9} < \sqrt{17} < 4\tfrac{1}{8};$$
$$5\tfrac{4}{11} < \sqrt{29} < 5\tfrac{2}{5}.$$

Aus der oben angegebenen Formel (8) bekommt man

$$\sqrt{a(a+α)} = \sqrt{a^2\left(1 + \frac{α}{a}\right)} \approx a\left(1 + \frac{α}{2a}\right) = a + \frac{α}{2}$$
$$= \tfrac{1}{2}(a + (a+α)) \quad\text{oder}$$

(9) $$\sqrt{ab} \approx \tfrac{1}{2}(a+b),$$

wenn $a - b$ sehr klein ist, d. h.:

> Das geometrische Mittel zweier nur wenig verschiedener Größen ist angenähert gleich ihrem arithmetischen Mittel.

---

[1]) Bilde weitere Beispiele und verwandle die gemeinen Brüche in Dezimalbrüche. Untersuche den Fall $\sqrt{a^2 - α}$ in derselben Weise.

Näherungsformeln

Dieser Satz ist auch geometrisch einleuchtend. Beschreibt man über der Strecke $(a + b)$ den Halbkreis und errichtet im gemeinsamen Endpunkte der beiden Strecken und im Mittelpunkte Lote bis zum Kreise, so haben diese die Längen $\sqrt{ab}$ und $\frac{a+b}{2}$. Stets ist, wie man sieht, das geometrische Mittel kleiner als das arithmetische; je kleiner aber der Unterschied von a und b ist, je näher also ihr gemeinsamer Endpunkt dem Kreismittelpunkte kommt, desto geringer wird der Unterschied der beiden Mittel.

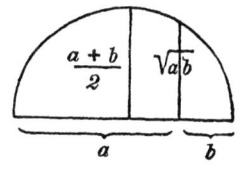

Wenn $a > b$ ist, so wird $\sqrt{ab} > b$, also ergibt sich

$$\frac{a+b}{2} - \sqrt{ab} < \frac{a+b}{2} - b,$$

und daraus erhält man die nützliche Abschätzung

(10) $$\frac{a+b}{2} - \sqrt{ab} < \frac{a-b}{2},$$

d. h. in Worten:

> Der Unterschied zwischen dem arithmetischen und dem geometrischen Mittel zweier Zahlen ist kleiner als die halbe Differenz der beiden Zahlen.

Besonders leicht lassen sich unsere obigen Formeln verwenden, wenn in einem Ausdrucke, der für die Größen $a, b, c \ldots$ ausgerechnet ist, *sich diese Größen um gewisse Prozente ändern*. In der Tat; wenn sich a um $p^0/_0$ ändert, so entsteht daraus

(11) $$a \pm \frac{ap}{100} = a \left(1 \pm \frac{p}{100}\right)$$

und damit ist ja der Tatbestand von Formel (6) gegeben. So werden wir also z. B. sagen können:

> Wenn sich in einem Produkt zweier Faktoren der eine um $p^0/_0$, der andere um $q^0/_0$ vergrößert, so vergrößert sich das Produkt dadurch ungefähr um $(p + q)^0/_0$.

Natürlich müssen hier p und q so kleine Zahlen sein, daß ihre Hundertstel die Rolle jener $\alpha, \beta, \ldots$ spielen können, andernfalls erhielte man eine recht geringe Genauigkeit, die indessen manchmal doch bei *Überschlagsrechnungen* wertvoll sein kann.

§ 14. Darstellung einer Zahl als Summe von Potenzen von 2

Jede positive oder negative Zahl läßt sich genau oder angenähert als Summe von Potenzen von 2 darstellen, und zwar eindeutig, d. h. es gibt nur eine einzige solche Darstellung für jede Zahl. Haben wir eine ganze Zahl, so ist die Sache ja trivial. Man kann da etwa so verfahren, daß man die höchste in der Zahl enthaltene Potenz von 2 subtrahiert und mit dem Rest genau so verfährt, bis man den Rest 2 oder $1 = 2^0$ erhält. Folgen aber noch Dezimalstellen, so wird man negative Potenzen von 2, d. h. Potenzen von $\frac{1}{2}$, nach und nach subtrahieren, bis die Zahl erschöpft ist. Man braucht dazu nur eine Tabelle dieser Potenzen, wie nebenstehend, wo die erste Spalte den negativen Exponenten von 2 angibt. Soll nun irgendeine Zahl, z. B. 3,1416 verwandelt werden, so ist zunächst $3 = 2^1 + 2^0$ und dann wird

— 1	0,5
— 2	0,25
— 3	0,125
— 4	0,0625
— 5	0,03125
— 6	0,015625
— 7	0,0078125
— 8	0,00390625
— 9	0,001953125
—10	0,0009765625
—11	0,00048828125
—12	0,000244140625
—13	0,0001220703125
—14	0,00006103515625
—15	0,000030517578125

	Exp.
0,1416	
— 0,125	— 3
0,0166	
— 0,015625	— 6
0,000975	
— 0,000977	— 10
— 0,000002	

mithin erhält man

$$\pi \approx 3{,}1416 \approx 2^1 + 2^0 + 2^{-3} + 2^{-6} + 2^{-10}.$$

Die Eindeutigkeit der Darstellung folgt aus der Eindeutigkeit der Rechnung. Wir erkennen also, daß der wichtige Satz, mit dem wir hier begannen, richtig ist, und daß die Darstellung einer beliebigen, auch irrationalen Zahl als Potenzsumme mit der Grundzahl 2 mit beliebiger Genauigkeit eindeutig ausgeführt werden kann.

§ 15. Potenzen und Wurzeln mit beliebigen Exponenten

Wir sind nun imstande, zwei allgemeine Aufgaben zu lösen.

I. *Eine positive Zahl soll mit einer beliebigen Zahl potenziert werden.*

Zur Erledigung dieser Aufgabe erinnern wir uns einiger Sätze aus der Potenzlehre. Der erste Satz ist $a^{x+y} = a^x \cdot a^y$, zerlegt man einen Exponenten in eine Summe, so kann die Potenz in ein Produkt zerlegt werden, die Grundzahl bleibt dieselbe, die Exponenten sind die Glieder der Summe. Das Zweite ist die schon oben benutzte Definition einer Potenz mit negativem Exponenten $b^{-n} = \frac{1}{b^n}$. Das Dritte ist die Definition einer Potenz mit gebrochenem Exponenten $a^{\frac{1}{p}} = \sqrt[p]{a}$. Haben wir also z. B. $a^{1+2^{-1}}$ auszurechnen, so ist das $a \cdot a^{2^{-1}} = a \cdot a^{\frac{1}{2}} = a\sqrt{a}$. Ist der Exponent $2^{-n} = \frac{1}{2^n}$, so ist $a^{2^{-n}} = \sqrt[2^n]{a} = \sqrt{\sqrt{\sqrt{\ldots a}}}$, so daß also n mal hintereinander die Quadratwurzel zu ziehen ist.

Sei nun 5^π zu berechnen. Mit Hilfe der obigen Zerlegung von π ergibt sich 5^π als ein Produkt von Potenzen von 5 und den Exponenten 2 und 1 multipliziert mit den Wurzeln aus 5, deren Exponenten 2^3, 2^6, 2^{10} sind. Da π auf 4 Dezimalen gegeben war, wird man bei den Wurzeln etwa 6 Stellen nehmen. Man hat also folgende Rechnung:

— 1	$\sqrt{5} \approx 2{,}236068$	
— 2	$\sqrt[4]{5} \approx 1{,}495349$	
— 3	$\sqrt[8]{5} \approx 1{,}222845$	
— 4	$\sqrt[16]{5} \approx 1{,}105824$	
— 5	$\sqrt[32]{5} \approx 1{,}051582$	
— 6	$\sqrt[64]{5} \approx 1{,}025467$	
— 7	$\sqrt[128]{5} \approx 1{,}012653$	
— 8	$\sqrt[256]{5} \approx 1{,}006307$	

$5^\pi \approx 125 \cdot 1{,}222845$
$\cdot 1{,}025467$
$\cdot 1{,}001573$
$\approx 156{,}995.$

Man sieht aus der Durchführung dieses Beispiels, daß man eine positive Zahl mit jedem beliebigen positiven oder negativen, ganzen oder gebrochenen Exponenten poten-

— 9	$\sqrt[512]{5} \approx 1{,}003149$	
—10	$\sqrt[1024]{5} \approx 1{,}001573$	
—11	$\sqrt[2048]{5} \approx 1{,}000786$	
—12	$\sqrt[4096]{5} \approx 1{,}000373$	
—13	$\sqrt[8192]{5} \approx 1{,}000196$	
—14	$\sqrt[16384]{5} \approx 1{,}000098$	
—15	$\sqrt[32768]{5} \approx 1{,}000049$	
—16	$\sqrt[65536]{5} \approx 1{,}000024$	
—17	$\sqrt[131072]{5} \approx 1{,}000012$	
—18	$\sqrt[262144]{5} \approx 1{,}000006$	

zieren kann; das Ergebnis läßt sich stets mit beliebiger Genauigkeit ausrechnen.

Wir wenden uns nun zur zweiten Hauptaufgabe:

II. *Es soll der Exponent bestimmt werden, mit dem eine positive Zahl potenziert werden muß, damit eine gegebene positive Zahl erhalten wird.*

Es handelt sich also um nichts Geringeres, als um die Auflösung der Gleichung $g^x = a$, wo a und g positive Zahlen sind. Die Lösung besteht darin, daß wir x als Potenzsumme mit der Grundzahl 2 bestimmen. Wir berechnen uns erst eine Tabelle der Potenzen von g und derjenigen Wurzeln, deren Exponenten selbst Potenzen von 2 sind. Dann dividieren wir a durch die nächst kleinere Potenz bzw. Wurzel, mit dem Quotienten verfahren wir geradeso und setzen diese Rechnung solange wie möglich fort. Als Beispiel sei gewählt $5^x = 2$. Man dividiert:

$2{,}000000 : 1{,}495349 \approx 1{,}337480$	0,25
$1{,}337480 : 1{,}222845 \approx 1{,}093745$	0,125
$1{,}093745 : 1{,}051582 \approx 1{,}040095$	0,03125
$1{,}040095 : 1{,}025467 \approx 1{,}014265$	0,015625
$1{,}014265 : 1{,}012653 \approx 1{,}001592$	0,007812
$1{,}001592 : 1{,}001573 \approx 1{,}000019$	0,0009766
$1{,}000019 : 1{,}000012 \approx 1{,}000007$	0,0000076
$1{,}000007 : 1{,}000006 \approx 1{,}000001$	0,0000038
	0,4306755

Die Divisoren waren die Wurzeln von 5 der obigen Tabelle mit den Exponenten 2^2, 2^3, 2^5, 2^6, 2^7, 2^{10}, 2^{17} und 2^{18}. Demnach ist x die Summe der Potenzen von $\frac{1}{2}$ mit jenen Exponenten 2, 3, 5, 6, 7, 10, 17 und 18, also ergibt sich $x \approx 0{,}4307$, es ist demnach $5^{0,4307} \approx 2$.

Aufgabe: $10^x = 2$.

Lösung: $x = 0{,}3010$.

Noch eine wichtige Folgerung wollen wir aus der Erledigung dieser zwei Aufgaben ziehen. Wenn die positive Grundzahl g größer als 1 ist, so wird eine Vergrößerung des Exponenten immer auch ein Wachsen der Potenz zur Folge haben; ebenso wird, falls $g > 1$ ist, wenn a größer wird, auch der Exponent x wachsen. Wenn dagegen $g < 1$ ist, dann folgt aus einem Wachsen des Exponenten ein Abnehmen der Potenz.

VIERTER ABSCHNITT

LOGARITHMEN

§ 16. Die Interpolation

Wir haben soeben gesehen, daß bei einer gegebenen positiven Grundzahl g stets ein Exponent x so berechnet werden kann, daß die Potenz eine gegebene positive Zahl a wird. Man bezeichnet diesen Exponenten x als den *Logarithmus der Zahl a zur Grundzahl g*, oder den *g-Logarithmus von a*, also kurz:

$$\text{Wenn } g^x = a \text{ ist, so ist } {}^g\!\log a = x.$$

Praktisch verwendet werden nur die Logarithmen zur Grundzahl $g = 10$, die man *gemeine, dekadische* oder *Briggssche Logarithmen*[1]) nennt. Die allgemeinen logarithmischen Gesetze und die besonderen für die dekadischen Logarithmen müssen als bekannt vorausgesetzt werden, hier wollen wir nur die Interpolation genauer untersuchen.

Man weiß, daß der dekadische Logarithmus eine beständig wachsende Funktion des Numerus ist, und wir fragen jetzt, **wie er sich bei kleinen Änderungen des Numerus verändert.**

Es sei also $\qquad y = \log x.$

---

1) Die beiden Erfinder der Logarithmen, Neper (1550–1617) und Bürgi (1582–1632), haben diese dekadischen Logarithmen noch nicht, man verdankt sie erst Briggs (1556–1630).

Wir betrachten die Werte, die die Funktion für zwei nicht sehr verschiedene Werte x_1 und $x = x_1 + \delta$ des Numerus annimmt. Es ergibt sich nach dem Produktsatze leicht

(1) $\quad y = \log x = \log(x_1 + \delta) = \log\left[x_1\left(1 + \dfrac{\delta}{x_1}\right)\right]$
$\quad\quad = \log x_1 + \log\left(1 + \dfrac{\delta}{x_1}\right)$

(2) $\quad\quad$ also $\quad y = y_1 + \log\left(1 + \dfrac{\delta}{x_1}\right),$

wir haben demnach den Ausdruck $\log\left(1 + \dfrac{\delta}{x_1}\right)$ zu untersuchen unter der Bedingung, daß δ eine kleine Zahl ist. Zur Erledigung dieser Untersuchung müssen wir vor allem verabreden, auf wieviel Dezimalen wir die Logarithmen berechnen wollen. Nehmen wir 3 Stellen, so müssen wir $\log\left(1 + \dfrac{\delta}{x_1}\right)$ zunächst auf mehr Stellen berechnen, um dann auf 3 Stellen sicher abkürzen zu können. Die nebenstehende Tafel enthält das Ergebnis; die letzte Spalte unter D gibt die Zuwüchse der Logarithmen in Einheiten der letzten Stelle (Hunderttausendstel). Wir sehen, daß die aufeinander folgenden *Tafeldifferenzen*, wenn wir nur 3 Dezimalen beachten, alle den Wert 4 (Tausendstel) haben.

Num.	log	D
1,00	0,00000	
1,01	432	432
1,02	860	428
1,03	1284	424
1,04	1703	419
1,05	2119	416
1,06	2531	412
1,07	2938	407
1,08	3342	404
1,09	3743	401

Wenn x_1 eine zweistellige Zahl ist, deren dreistelligen Logarithmus wir kennen, z. B. $\log 5{,}6 \approx 0{,}748$, so können wir nach der soeben gewonnenen Einsicht die Logarithmen aller dreistelligen Numeri von 5,60 bis 5,69 berechnen. Sei z. B. $\log 5{,}67$ gesucht, so werden wir zunächst nach Formel (1) mit Rücksicht auf das Täfelchen eine Zahl ϵ suchen, so daß

$$1 + \frac{0{,}07}{5{,}6} = 1 + \frac{\epsilon}{100}, \text{ also } \epsilon = \frac{7}{5{,}6}$$

wird. Dann wächst der Logarithmus von 5,6 um $\epsilon \cdot 0{,}004$, also ist

$$\log 5{,}67 \approx 0{,}748 + \frac{7}{5{,}6} \cdot 0{,}004 \approx 0{,}748 + 0{,}005 = 0{,}753.$$

Geht man von log 5,70 ≈ 0,756 um 3 Einheiten der dritten Stelle rückwärts, so lautet die Rechnung:

$$\log 5{,}67 \approx 0{,}756 - \frac{3}{5{,}7} \cdot 0{,}004 \approx 0{,}756 - 0{,}002 = 0{,}754,$$

und dieses Ergebnis ist genauer als das vorige, da wir ein kleineres δ, nämlich −3 an Stelle von +7, benutzt haben.

Allgemein kann man sagen: Ist x_1 eine zweistellige Zahl, deren Logarithmus bekannt ist, und fügt man eine dritte Stelle δ hinten an x_1 an, so bestimme man zunächst die Zahl ε aus der Gleichung

$$1 + \frac{\delta}{x_1} = 1 + \frac{\varepsilon}{100} \quad \text{zu} \quad \varepsilon = \frac{100\,\delta}{x_1};$$

dann wächst der Logarithmus um $\varepsilon \cdot 0{,}004 = \frac{4\delta}{10\,x_1}$ und es kommt

(3) $$\boxed{\log (x_1 + \delta) \approx \log x_1 + \frac{4\,\delta}{10\,x_1}};$$

dabei kann δ auch negativ sein.

Noch allgemeiner kann man den wichtigen Satz aussprechen, der übrigens nicht nur für die gemeinen Logarithmen gilt:

Die Zunahme des Logarithmus ist der Zunahme des Numerus desto genauer proportional, je kleiner die letztere im Verhältnis zum Numerus ist.

Diese Berechnung nach Formel (3) nennt man **Interpolation** oder **Zuschaltung**, d. h. *Berechnung von Zwischenwerten*, genauer *lineare Zuschaltung*.[1]) Man kann danach, wenn die dreistelligen Logarithmen für zweistellige Numeri gegeben sind, die dreistelligen Logarithmen aller dreistelligen Numeri berechnen. Wenn aber z. B. die vierstelligen Logarithmen aller dreistelligen Numeri vorliegen, so müßte man erst eine neue Untersuchung anstellen, um den Faktor von δ : x_1 zu bestimmen, der in obiger Formel 0,4 ist und nur im Falle dreistelliger Rechnung (angenähert) gilt. Ebenso müßte man bei fünf- und mehrstelligen Logarithmen verfahren. Das ist nun recht umständlich, wir wollen daher

---

1) Der Grund für die Bezeichnung „linear" folgt aus der graphischen Darstellung der Funktion. Vgl. Math. phys. Bibl. 48: Funktionen, Schaubilder und Funktionstafeln.

untersuchen, ob die Interpolation nicht einfacher und bequemer gestaltet werden kann.

Gehen wir auf unser obiges Zahlenbeispiel zurück! Es war gegeben log 5,60 ≈ 0,748, log 5,70 ≈ 0,756, der Logarithmus wächst also um 0,756 − 0,748 = 0,008, also um 8 Einheiten der dritten Stelle, wenn der Numerus um 5,70 − 5,60 = 0,10 d. h. um 10 Einheiten der letzten Stelle zunimmt. Da nun diese Zunahme, wie oben gezeigt, innerhalb einer solchen Dekade, wie wir kurz sagen wollen, angenähert *gleichmäßig* ist, so wächst der Logarithmus für jede Einheit der letzten Stelle des Numerus um 0,8 Einheiten seiner letzten Stelle. Soll also, wie oben log 5,67 berechnet werden, so hat man den **Zuschlag** $0{,}8 \cdot 7 \approx 6$ Einheiten der letzten Stelle, und damit wird log 5,67 ≈ 0,748 + 0,006 = 0,754. Dadurch ist aber in der Tat eine bedeutende Vereinfachung der Rechnung erzielt, die wir sogleich allgemein darstellen wollen.

Wir setzen x_1 und x_2 an Stelle der bestimmten Zahlen 5,60 und 5,70 und bezeichnen mit D die Differenz ihrer Logarithmen
$$D = \log x_2 - \log x_1;$$
dann ist für einen zwischen x_1 und x_2 liegenden Numerus x

(4)
$$\log x \approx \log x_1 + \frac{D}{10}(x - x_1), \quad \text{oder}$$
$$\log x \approx \log x_2 - \frac{D}{10}(x_2 - x).$$

Aus diesen Formeln wollen wir noch die Klammerausdrücke berechnen und damit die Formeln *umkehren*:

(5)
$$x - x_1 = \frac{10\,(\log x - \log x_1)}{D}$$
$$x_2 - x = \frac{10\,(\log x_2 - \log x)}{D}.$$

Die erste der beiden Formeln in (4) und (5) gibt die Interpolation *vorwärts*, die zweite *rückwärts*.

Man nennt D die **Tafeldifferenz** und $\log x - \log x_1$ sowie $\log x_2 - \log x$ die **eigne Differenz**. Danach lassen sich die Formeln (4) und (5) leicht in Worte fassen, was wir im nächsten Paragraphen tun wollen.

Der gemeine Logarithmus 43

§ 17. Die Logarithmentafel

Damit wir zur Einübung der zuletzt entwickelten Formeln gelangen können, geben wir zunächst zwei Tafeln[1]):

Tafel I. Die Logarithmen von 100 bis 109 vierstellig, von 10 bis 129 dreistellig

N	0	1	2	3	4	5	6	7	8	9	D
10	0000	043	086	128	170	212	253	294	334	374	
1	000	041	079	114	146	176	204	230	255	279	22
2	301	322	342	362	380	398	415	431	447	462	15
3	477	491	505	519	531	544	556	568	580	591	11
4	602	613	623	633	643	653	663	672	681	690	9
5	699	708	716	724	732	740	748	756	763	771	7
6	778	785	792	799	806	813	820	826	833	839	6
7	845	851	857	863	869	875	881	886	892	898	5
8	903	908	914	919	924	929	934	940	944	949	5
9	954	959	964	968	973	978	982	987	991	996	4
10	000	004	009	013	017	021	025	029	033	037	4
11	041	045	049	053	057	061	064	068	072	076	3
12	079	083	086	090	093	097	100	104	107	111	3

Tafel II. Die Numeri zu 0 bis 99

L	0	1	2	3	4	5	6	7	8	9	D
0	100	102	105	107	110	112	115	117	120	123	
1	126	129	132	135	138	141	145	148	151	155	3
2	158	162	166	170	174	178	182	186	191	195	3
3	200	204	209	214	219	224	229	234	240	245	5
4	251	257	263	269	275	282	288	295	302	309	6
5	316	324	331	339	347	355	363	372	380	389	7
6	398	407	417	427	437	447	457	468	479	490	9
7	501	513	525	537	550	562	575	589	603	617	11
8	631	646	661	676	692	708	724	741	759	776	14
9	794	813	832	851	871	891	912	933	955	977	18
											23

[1]) Diese beiden Tafeln sind dem sehr empfehlenswerten Büchlein entnommen: O. *Richter*, Dreistellige logarithmische und trigonometrische Tafeln. Leipzig u. Berlin, 1907, B. G. Teubner.

Erläuterung zu Tafel I. Über dem obersten wagerechten Strich stehen in der ersten Zeile N als Abkürzung für *Numerus* und dann die Ziffern von 0 bis 9, die an die in der ersten Spalte links stehenden Zahlen anzuhängen sind. In der zweiten Zeile steht links 10, die dann folgenden Zahlen sind die *Mantissen*[1]) der Logarithmen von 100, 101, 102, 103 bis 109; die erste Null von 0000 gilt aber für alle anderen Mantissen mit, wodurch diese vierstellig werden; die Mantisse von log 101 ist also 0043, die von log 102 ist 0086, die von 107 ist 0294, wobei die durch schrägen Druck hervorgehobene Ziffer *4* bedeutet, daß hier bei der Abkürzung eine Erhöhung eingetreten ist.[2]) Zuletzt steht D als Abkürzung für *Tafeldifferenz* der letzten Spalte. So ist also log 1,06 $\approx$ 0,0253, log 1040 $\approx$ 3,0170, log 0,0109 $\approx$ 0,0374 − 2. Die *positive Kennziffer* ist bekanntlich um 1 kleiner als die Anzahl der Stellen vor dem Komma, die *negative Kennziffer* ist gleich der Anzahl der Nullen, mit der der Numerus beginnt — die Null vor dem Komma mitgezählt. Die weiteren Logarithmen sind nur mit dreistelligen Mantissen gegeben; es ist z. B. log 5,8 $\approx$ 0,763; log 9,5 $\approx$ 1,978; log 0,0003 $\approx$ 0,477 − 4; log 0,610 $\approx$ 0,785 − 1.

Die letzten drei Zeilen von Tafel I geben die dreistelligen Mantissen von dreistelligen Zahlen, also ist z. B. log 1,04 $\approx$ 0,017, log 127 $\approx$ 2,104; log 0,00116 $\approx$ 0,064 − 3.

Um nun die Mantisse für einen Numerus zu finden, der eine Stelle mehr hat, ist linear zu interpolieren, d. h. *es ist der zehnte Teil der Tafeldifferenz mit dieser Stelle zu multiplizieren und das Produkt zur Mantisse zu addieren;* man rechnet dabei immer in Einheiten der letzten Stelle.

Beispiele. (1.) **log 74,3.** Der Numerus hat zwei Stellen vor dem Komma, also ist die Kennziffer 2 − 1 = 1. Die zu 74 gehörige Mantisse ist 869, die nächste ist 875, die Tafeldifferenz also $D = 875 - 869 = 6$, der Zuwachs der Mantisse ist demnach $6 \cdot 3 : 10 \approx 2$, also wird die Mantisse $869 + 2 = 871$ und der Logarithmus wird log 74,3 $\approx$ 1,871.

(2.) **log 0,0465.** Der Numerus beginnt mit 2 Nullen, also ist die Kennziffer − 2. Zu 46 gehört die Mantisse 663, die

---
1) Die Mantisse eines Logarithmus ist die auf das Dezimalkomma folgende Zahl.
2) Die Mantisse von log 107 lautet 02938 ...

(vorwärts genommene) Tafeldifferenz ist $672 - 663 = 9$, der Zuwachs also $9 \cdot 5 : 10 \approx 5$. Daher ist $\log 0{,}0465 \approx 0{,}668 - 2$.

(3.) **log 8,98.** Die Kennziffer ist 0. Zu 89 gehört die Mantisse 949, die Tafeldifferenz 5 steht rechts in der letzten Spalte (etwas tiefer), also ist der Zuwachs $5 \cdot 8 : 10 = 4$, und $\log 8{,}98 \approx 0{,}953$.

(4.) **log 237.** Kennziffer 2. Wir wollen *rückwärts* interpolieren. Zu 24 gehört die Mantisse 380, die (rückwärts genommene) Tafeldifferenz ist 18, also ist zu rechnen $1{,}8 \cdot 3 \approx 5$, wir haben demnach 5 von der Mantisse *abzuziehen*, es ist also $\log 237 \approx 2{,}375$.

(5.) **log 1,99.** Kennziffer 0. Zu 20 gehört die Mantisse 301, die rückwärts genommene Tafeldifferenz ist in der letzten Spalte zu 22 angegeben, also ist $2{,}2 \cdot 1 \approx 2$ abzuziehen und es wird $\log 1{,}99 \approx 0{,}299$.

Die letzten drei Reihen der Tafel I geben die Mantissen der Logarithmen von 100 bis 129 schon ausgerechnet nicht nur zur größeren Bequemlichkeit, sondern sie sind meist genauer als die aus den oberen Reihen interpolierten Mantissen. Man kann hier außerdem noch eine vierte Stelle des Numerus mit berücksichtigen.

Zur umgekehrten Benutzung der Tafel I, also zur Bestimmung des Numerus zu einem gegebenen Logarithmus hat man zunächst die Stellung des Dezimalkommas aus der Kennziffer zu ermitteln. Die nächst kleinere Tafelmantisse gibt dann die ersten zwei (oder drei) Stellen des Numerus, die letzte Stelle findet man durch lineare Interpolation nach der Regel: *zehnfache eigne Differenz dividiert durch die Tafeldifferenz* oder *eigne Differenz dividiert durch den zehnten Teil der Tafeldifferenz*; bezeichnen wir die eigne Differenz mit $\triangle$, so kann man diese Regel zur Berechnung der letzten Stelle δ des Numerus durch die Formel ausdrücken $10\triangle : D = \delta$ oder $\triangle : \frac{D}{10} = \delta$.

Zunächst erprobe der Leser sein Verständnis an der Umkehrung der oben ausgerechneten Beispiele. Einige weitere Beispiele sind:

(6.) **num log 5,743** — gelesen: numerus logarithmus 5,743 mit der Bedeutung: der Numerus, dessen Logarithmus 5,743 ist. Die Kennziffer 5 sagt uns, daß der Numerus 6 Stellen vor dem Komma hat. Die Mantisse 743 liegt zwischen den Tafelmantissen 740 und 748, es ist also $\Delta = 3$, $D = 8$, demnach $\delta = 30 : 8 \approx 4$, mithin num log $5{,}743 \approx 554000$ oder $5{,}54 \cdot 10^5$.

(7.) **num log 0,074 — 3**; die Mantisse suchen wir am besten in der vorletzten Reihe zwischen 072 und 076, also $\Delta = 2$, $D = 4$, $\delta = 20 : 4 = 5$, num log $0{,}074 - 3 \approx 0{,}001185$.

(8.) **num log 0,0270**; in der ersten Reihe finden wir 0253 und 0294 als die beiden benachbarten Mantissen, also wird $\Delta = 17$, $D = 41$, $\delta = 17 : 4{,}1 \approx 4$, demnach num log $0{,}0270 \approx 1{,}064$.

Erläuterungen zu Tafel II. Die Überschriften L und D bedeuten Logarithmus und Tafeldifferenz, diese Tafel ist also eine Umkehrung von Tafel I. Man findet aus ihr zu einem gegebenen Logarithmus den Numerus.

Beispiele. (9.) **num log 0,073 — 3**; zu den Stellen 07 gehört die Zahl 117; $D = 120 - 117 = 3$; $\Delta = 3 \cdot 3 : 10 \approx 1$, also num log $0{,}073 - 3 \approx 0{,}00118$.

(10.) **num log 3,634**; zu 63 finden wir 427; $D = 10$; $\Delta = 10 \cdot 4 : 10 = 4$; also num log $3{,}634 \approx 4310$.

(11.) **num log 2,116**; zu 11 gehört 129; $D = 3$; $\Delta = 3 \cdot 6 : 10 \approx 2$; num log $2{,}116 \approx 131$.

(12.) **num log 0,952**; zu 95 bestimmen wir 891; $D = 21$; $\Delta = 21 \cdot 2 : 10 \approx 4$; num log $0{,}952 \approx 8{,}95$.

Man erkennt aus dem Vergleich der beiden Tabellen leicht, wann jede von beiden bequemer ist: wo die kleineren Differenzen sind. In dieser Beziehung ergänzen sich die beiden Tafeln; die Differenzen von Tafel I nehmen ab, die von Tafel II wachsen. Man nennt übrigens eine solche Tafel wie II auch Tafel der Antilogarithmen. Natürlich kann man auch Tafel II wieder umgekehrt benutzen, um zu einem Numerus den Logarithmus zu finden, was auch noch an einigen Beispielen geübt werden mag.

(13.) **log 0,130**; 129 gibt 11; $\Delta = 1$; $D = 3$; $\delta = 10 : 3 \approx 3$; log $0{,}130 \approx 0{,}113 - 1$; unsere Tafel I gibt aber unmittelbar den genaueren Wert $0{,}114 - 1$, deshalb war es hier sehr verkehrt Tafel II zu benutzen.

(14.) **log 327**; 324 gibt 51; $\Delta = 3$; $D = 7$; $\delta = 30 : 7 \approx 4$; log $3{,}27 \approx 0{,}514$.

Im allgemeinen wird man mit Tafel I auskommen und Tafel II nur in besonderen Fällen benutzen.

Ehe wir zu logarithmischen Rechnungen übergehen, wollen wir nur noch die Aufmerksamkeit des Lesers darauf richten, daß die Stellen vor dem Komma beim Numerus in der Tafel mit aufgesucht werden, die Stellen vor dem Komma beim Logarithmus aber nicht, denn sie sind ja die *Kennziffer* und geben nur die Stellung des Kommas beim Numerus an, bestimmen also dessen Größenordnung. Es wird gut sein, wenn der Leser Aufgaben wie die folgenden sich genau ansieht und überlegt:

$\log 5 \approx 0{,}699$, num $\log 5 = 100000$,
$\log 3{,}870 \approx 0{,}588$, num $\log 3{,}870 \approx 7420$,
$\log 0{,}0610 \approx 0{,}785 - 2$, num $\log 0{,}0610 \approx 1{,}15$.

§ 18. Logarithmische Rechnungen

Die erste Regel, die man nicht eindringlich genug sagen kann, ist:

Man wende die Logarithmen nur an, wenn sie gegenüber der unmittelbaren Rechnung eine Ersparnis an Zeit und Mühe bringen.

Man wird also nicht Rechnungen wie $3:5$ oder $7{,}63 \cdot 3$ oder $1{,}7^2$, oder gar $\sqrt{64}$ mit Logarithmen erledigen, denn das geht ohne Logarithmen schneller und sicherer. In vielen Fällen wird man sich der im ersten Teile gelehrten *abgekürzten Rechnung* erinnern dürfen, z. B. auch dann, wenn eine größere Genauigkeit gegeben und erfordert ist, als die vorliegende Logarithmentafel gewährt. Auch die in § 13 betrachteten *Näherungsformeln* seien hier nochmals in Erinnerung gebracht.

Die zweite Regel, die allgemein bei logarithmischen Rechnungen zu beherzigen ist, lautet:

Man gewöhne sich an sehr ordentliches Schreiben der Zahlen — kleine, aber breite, deutliche Form, weite Zwischenräume, genau untereinander. Ferner wohlüberlegte Anordnung der Rechnung, einfaches oder doppeltes Schema.

Wir wollen nun an einigen Beispielen nur mit Hilfe unserer dreistelligen Tafel das belegen; die Rechnungen mit mehrstelligen Tafeln erfolgen in genau derselben Weise, nur daß bei 5- und 7-stelligen Tafeln die Berechnung der Größen Δ und δ dadurch erleichtert ist, daß $D\delta : 10$ für alle vorkommenden Fälle in kleinen Täfelchen schon ausgerechnet dastehen.

num	log
5,36	0,729 +
72,4	1,859 +
43,8	1,641 —
8,86	**0,947**

1. Aufgabe: $\dfrac{5{,}36 \cdot 72{,}4}{43{,}8}$.

Bemerkungen: Man übe sich, Additionen und Subtraktionen mehrerer Zahlen auf einmal zu machen. Das Ergebnis ist 8,86.

num	log	
0,362	0,558 — 1	+
0,0924	0,966 — 2	+
8,04	0,905	+
0,00723	0,859 — 3	—
2,68	0,428	—
13,5	1,130	—
1,03	**0,012**	

2. Aufgabe: $\dfrac{0{,}362 \cdot 0{,}0924 \cdot 8{,}04}{0{,}00723 \cdot 2{,}68 \cdot 13{,}5}$.

Bemerkungen: Man fügt erst die Mantissen und die positiven Kennziffern zusammen, was 0,012 gibt; dann betrachtet man die negativen Kennziffern, die sich aber hier gerade gegeneinander aufheben:
$$-1 - 2 - (-3) = 0.$$

Man kann natürlich auch erst den Log. des Zählers, dann den des Nenners berechnen und darauf die beiden Logarithmen voneinander abziehen. Bei einiger Übung gelingt es aber auch in der hier ausgeführten Weise, natürlich nur dann, wenn die Zahlen gut untereinander geschrieben sind.

num	log
5,73	0,758
0,175	**0,242 — 1**

3. Aufgabe: $1 : 5{,}73$.

Bemerkung: Um die Mantisse des Logarithmus des Reziprokums einer Zahl zu bestimmen, nimmt man die dekadische Ergänzung der Mantisse der Zahl; $758 + 242 = 1000$.

Man rechnet dabei von links nach rechts, zieht also jede Ziffer von 9 ab, nur die letzte von 10. Die Kennziffer wird um 1 vergrößert und dann ihr Vorzeichen umgekehrt. Man schreibt: $DE\,0{,}758 = 0{,}242 - 1$ oder auch $DE \log 5{,}73 \approx 0{,}242 - 1$. Ebenso ist $DE\,4{,}388 = 0{,}612 - 5$, $DE\,0{,}0294 - 3 = 2{,}9706$; diese letzte Kennziffer entsteht so, daß man -3 um 1 vermehrt: $-3 + 1 = -2$ und dann das Vor-

Logarithmische Rechnungen

zeichen umkehrt: + 2. Es gibt noch eine andere Art, Logarithmen mit negativer Kennziffer anzugeben, man schreibt nämlich 0,242 − 1 = 9,242 − 10; 0,0573 − 4 = 6,0573 − 10. Die Kennziffer besteht also aus einem positiven Teil und dem negativen Teil − 10. Für diese Schreibart kann man dann die obige Regel so fassen: *Man zieht den Logarithmus von 10 − 10 ab.* Es ist ja − 0,758 = 10 − 0,758 − 10.

Man kann übrigens durch einige Übung dahin gelangen, *die DE unmittelbar aus der Tafel abzulesen*. Dann würde die Ausrechnung der folgenden Aufgabe nur Additionen von Logarithmen erfordern:

num	log
56,3	1,750
7,94	0,900
0,431	0,634 − 1
DE ∣ 0,0622	1,207
DE ∣ 19,6	0,708 − 2
DE ∣ 245	0,611 − 3
0,646	0,810 − 1

4. Aufgabe: $\dfrac{56,3 \cdot 7,94 \cdot 0,431}{0,0622 \cdot 19,6 \cdot 245}$.

Bemerkung: Man addiert erst die positiven und dann die negativen Zahlen; das gibt 5,810 − 6 = 0,810 − 1, so daß der Numerus 0,646 kommt. Soll das **Reziprokum** des Bruches berechnet werden, so nimmt man einfach die DE von 0,810 − 1 also 0,190 und bestimmt den Numerus 1,55.

5. Aufgabe: $1,57^5$.

num	log
1,57	0,196 · 5
9,55	0,980

6. Aufgabe: $0,634^7$.

num	log
0,634	0,802 − 1 · 7
0,0411	0,614 − 2

Bemerkung: Zunächst erhält man durch Multiplikation mit 7 das Binom 5,614 − 7.

num	log
5,71	0,757 · 10
?	7,57

7. Aufgabe: $5,71^{10}$.

Bemerkung: Da die Mantisse hier nur zwei Stellen hat, so kann auch der Numerus nur auf 2 Stellen angegeben werden. Dieser Numerus soll aber 8 Stellen vor dem Komma haben, also müssen die fehlenden Stellen durch (kleine) Nullen ersetzt werden, oder, was viel empfehlenswerter ist, man setzt eine Potenz von 10 als Faktor hinzu: $3,7 \cdot 10^7$.

50 Logarithmen

8. Aufgabe: $0,0428^8$.

num	log
0,0428	$0,631 - 2 \cdot 8$
?	$0,048 - 11$

Bemerkung: Auch hier empfiehlt es sich, statt 11 Nullen eine Potenz von 10 zu benutzen, um die Größenordnung anzugeben: $1,118 \cdot 10^{-11}$.

9. Aufgabe: 2^{64}.

num	log
2	$0,30\dot{1} \cdot 64$
	$18,06$
	120
$18 \cdot 10^{18}$	$19,26$

Bemerkung: Da die Kennziffer stets eine ganze Zahl sein muß, so hat man es hier so einzurichten, daß sie durch 2 teilbar wird, man nimmt also $1,655 - 2$ statt $0,655 - 1$! Würde man $9,655 - 10$ wählen, so müßte man zweckmäßig dafür schreiben: $19,655 - 20$, damit man nach der Halbierung wieder -10 als negative Kennziffer hat.

10. Aufgabe: $\sqrt{5,647}$.

num	log
5,647	$0,752 : 2$
2,38	$0,376$

11. Aufgabe: $\sqrt{0,452}$.

num	log
0,452	$0,655 - 1 : 2$
0,674	$0,828 - 1$

12. Aufgabe: $\sqrt[3]{0,374}$.

num	log
0,374	$0,573 - 1 : 3$
0,723	$0,858 - 1$

Bemerkung: Hier denkt man sich $2,573 - 3$ geschrieben oder, wenn man $9,573 - 10$ hatte, $29,573 - 30$.

13. Aufgabe: Gegeben sind die drei Seiten eines Dreiecks; es soll der Inhalt des Dreiecks bestimmt werden. Vorbemerkung: Die gegebenen Stücke und die nicht logarithmische Rechnung kommen in ein Schema für sich, ebenso die logarithmische Rechnung. Die Formel ist bekanntlich

$$J = \sqrt{s(s-a)(s-b)(s-c)}, \text{ wo } s = \tfrac{1}{2}(a+b+c) \text{ ist.}$$

a	6,37
b	5,25
c	4,86
$a+b+c$	16,48
s	8,24
$s-a$	1,87
$s-b$	2,99
$s-c$	3,38
J	**12,48**

num	log
s	0,916
$s-a$	0,272
$s-b$	0,475
$s-c$	0,529
J^2	2,192
J	1,096

14. Aufgabe: $\sqrt[3]{\dfrac{(a^2-b^2)c}{(a^2-c^2)b}}$; a, b, c sind gegebene Zahlen.

a	10,31
b	8,46
c	7,28
$a+b$	18,77
$a-b$	1,85
$a+c$	17,59
$a-c$	3,03
Ergebnis	0,750

num	log
$a+b$	1,273
$a-b$	0,267
c	0,862
$a+c$	1,245
$a-c$	0,481
b	0,927
Radikand	0,749 − 1
Wurzel	0,875 − 1

Bemerkung: Daß man die Differenzen der Quadrate in Produkte verwandelt, ist sofort einleuchtend. Wem die Zusammenfügung von 6 Logarithmen zu viel ist, der berechne erst den log des Zählers 2,402, dann den des Nenners 2,653 und subtrahiere diese voneinander. Das gibt in der Rechnung zwei Zeilen mehr, die bei einiger Übung überflüssig werden.

═══ **Die angegebenen Preise** ═══
sind Grundpreise, auf die ein den jeweiligen Herstellungs- (Einband-) und allgemeinen Unkoste
entsprechender Zuschlag (August 1922: 1100%, Schulbücher mit * bezeichnet 700%) berechne
wird. Nur durch diese im geschäftlichen Verkehr sonst auch allgemein übliche Berechnung is
es möglich, den durch die fortschreitende Teuerung bedingten Preisänderungen zu folge

---

Von Oberstudienrat Prof. Dr. *A. Witting* erschien ferner:

Funktionen, Schaubilder und Funktionentafeln. (MPhB 48.) [Unte der Presse 1922.]

Im Anschluß an das Bändchen „Abgekürzte Rechnung" nach Aufstellung und Erläuterun des Begriffes der Funktionen einer Veränderlichen werden analytisch und graphisch die ei fachsten Funktionen durchgenommen: das gerade Verhältnis und die lineare Funktion, da umgekehrte Verhältnis, das quadratische Verhältnis und seine Umkehrung. An diesen fü Beispielen wird nun die Interpolation genau erläutert und an Funktionstafeln geübt. Zu Schluß ist eine Darstellung der Isotropen gegeben.

Einführung in die Infinitesimalrechnung. 2. Aufl. Bd. I: Die Diff rentialrechnung. Mit 1 Porträttafel, vielen Beispielen und Aufgaben u. 33 Fig im Text. [IV u. 52 S.] 8. 1920. Bd. II: Die Integralrechnung. Mi 1 Porträttafel, 85 Beispielen und Aufgaben und mit 9 Fig. im Text. [50 S. 8. 1921. (MPhB 9. 41.) Steif geh. je M. 1.50

„Der Aufbau ist außerordentlich anschaulich und faßlich gegeben und doch streng in de Begriffsbildung. Passende Beispiele und das unentbehrlichste Übungsmaterial sind in die En wickelungen eingeflochten. Der Autor hat auch der Schule einen großen Dienst geleist dadurch, daß er in solche Kürze eine so einwandfreie Einführung in das unentbehrliche Ge biet gegeben hat." (Pädag. Blätter

Einführung in die Trigonometrie. Eine element. Darstellung ohne Log rithmen. Mit 26 Fig. u. zahlr. Aufg. [IV u. 47 S.] 8. 1921. (MPhB 43.) M. 1.

Das Bändchen behandelt in ausführlicher durch sehr viele einfache Beispiele und Au gaben erläuterter Weise die Grundbegriffe der Trigonometrie. Die Tabellen der natürliche Winkelfunktionen werden durch Messung zweistellig gewonnen, es wird auch meist mit zw Dezimalen gerechnet. Das allgemeine Dreieck wird nur mit dem Sinus- und dem Kosinu satz bearbeitet.

Beispiele zur Geschichte der Mathematik. Ein mathematisch-hist risches Lesebuch. Von Oberstudienrat Prof. Dr. *A. Witting* in Dresde und Gymn.-Prof. Dr. *M. Gebhardt* in Dresden. Mit 1 Titelbild und 28 Fi [VIII u. 61 S.] 8. 1913. (MPhB 15.) Steif geh. M. 1.50

Das zum Selbststudium wie auch zur Verwendung in der Schule eingerichtete Büchle bringt Proben aus mathematischen Originalwerken des Zeitraumes von etwa 1000 bis 1600 n. C unter Ausschaltung der Gleichungen dritten und vierten Grades und unter Vermeidung d Infinitesimalrechnung.

Lehrbuch der Rechenvorteile, Schnellrechnen und Rechenkunst. V Ing. Dr. phil. *J. Bojko* in Königshütte O.-Schles. Mit zahlreichen Übung beispielen. [115 S.] 8. 1920. (ANuG Bd. 739.) Kart. M. 2.35, geb. M. 3.

Das Bändchen will besonders denen, die im beruflichen Leben viel Rechenarbeit zu leis haben, eine Anleitung zum Schnellrechnen geben. Sie erstreckt sich nicht nur auf die Gru rechnungsarten, sondern auch auf das Potenzieren und Wurzelziehen, erleichtert die Aneignu durch zahlreiche Übungsbeispiele unter besonderer Berücksichtigung der praktischen A wendungen.

Praktische Mathematik. Von Dr. *R. Neuendorff*, Prof. a. d. Univ. Ki I. Teil: Graph. Darstellungen. Verkürztes Rechnen. Das Rechnen mit Tabelle Mech. Rechenhilfsmittel. Kaufm. Rechnen im tägl. Leben. Wahrscheinlichkei rechnung. 2. Aufl. Mit 29 Fig. u. 1 Taf. [IV u. 106 S.] 8. 1917. (ANuG 341.) II. T Geometr. Zeichnen. Projektionslehre. Flächenmessung. Körpermessung. M 433 Fig. [IV u. 102 S.] 8. 1918. (ANuG 526.) Kart. je M. 2.35, geb. je M. 3.

Der Stoff ist nunmehr so verteilt, daß das erste Bändchen die Rechenmethoden d häuslichen und beruflichen Lebens, das zweite die praktischen Anwendungen der Geomet behandelt. Die durch zahlreiche Abbildungen erläuterte allgemeinverständliche Darstellu will vor allem dem Nichtmathematiker über die wichtigsten praktischen Anwendungen d Mathematik Aufschluß geben.

Verlag von B. G. Teubner in Leipzig und Berli

Die angegebenen Preise

...ndpreise, auf die ein den jeweiligen Herstellungs- (Einband-) und allgemeinen
entsprechender Zuschlag (August 1922: 1100%, Schulbücher mit * bezeichnet 700%)
...wird. Nur durch diese im geschäftlichen Verkehr sonst auch allgemein übliche
...ung ist es möglich, den durch die fortschreitende Teuerung bedingten Preisänderungen zu folgen.

...s Natur und Geisteswelt

Jeder Band kart. M. 2.35, geb. M. 3.—

Mathematik

...issenschaften, Mathematik und Medizin im klassischen Altertum. Von Prof. Dr. ...iberg. 2. Aufl. Mit 2 Figuren. (Bd. 370.)

...ung in die Mathematik. Von Oberl. W. Mendelssohn. Mit 42 Fig. im Text. (Bd. 503.)

...atische Formelsammlung. Ein Wiederholungsbuch der Elementarmathematik. I. Arith. ...d Algebra. II. Geometrie. Von Prof. Dr. S. Jakobi. (Bd. 646/47.)

...etik und Algebra zum Selbstunterricht. Von Studienrat P. Crantz. Mit zahlr. Fig. Die Rechnungsarten. Gleichungen ersten Grades mit einer und mehreren Unbekannten ...gen zweiten Grades. 7. Aufl. Mit 9 Fig. im Text. (Bd. 120.) II. Teil: Gleichungen. ...tische und geometrische Reihen. Zinseszins- und Rentenrechnung. Komplexe Zahlen. Binom.-Lehrsatz. 5. Aufl. Mit 21 Textfiguren. (Bd. 205.)

...ch der Rechenvorteile. Schnellrechnen und Rechenkunst. Von Ing. Dr. J. Bojko. Mit ...en Übungsbeispielen. (Bd. 739.)

...sches Rechnen. Von Prof. O. Prölß. Mit 164 Fig. i. Text. (Bd. 708.)

...aphische Darstellung. Eine allgemeinverständliche, durch zahlreiche Beispiele aus allen ...der Wissenschaft und Praxis erläuterte Einführung in den Sinn und den Gebrauch der ... Von Hofrat Prof. Dr. F. Auerbach. 2. Aufl. Mit 139 Fig. i. Text. (Bd. 437.)

...che Mathematik. Von Prof. Dr. R. Neuendorff. ...il: Graph. Darstellungen. Verkürzt. Rechnen. Das Rechn. m. Tabellen. Mech. Rechenhilfsmittel. ...echnen im tägl. Leben. Wahrscheinlichkeitsrechnung. 2., verb. Aufl. Mit 29 Fig. u. 1 Taf. (Bd. 341.) ...eil: Geom. Zeichnen, Projektionslehre, Flächenmessung, Körpermessung. Mit 133 Fig. (Bd. 526.)

...innisches Rechnen zum Selbstunterricht. Von Studienrat K. Dröll. (Bd. 724.)

...kaufmännische Arithmetik. Zinseszins- und Rentenrechnung und ihre Anwendung ...tuverfahren. Von Prof. J. Koburger. (Bd. 725.)

...enmaschinen u. d. Maschinenrechnen. Von Reg.-Rat Dipl.-Ing. K. Lenz. Mit 43 Abb. (490.)

...ind Messen. Von Dr. W. Block. Mit 34 Abbildungen. (Bd. 385.)

...ung in die Vektorrechnung. Von Prof. Dr. F. Jung. (Bd. 668.) [In Vorb. 1922.]

...ung in die Infinitesimalrechnung mit einer histor. Übersicht. Von Prof. Dr ...alewski. 3., verb. Aufl. Mit 19 Fig. (Bd. 197.)

...tialrechnung unter Berücksichtigung der prakt. Anw. in der Technik, mit zahlr. Beisp. u. Aufg. ... Von Studienrat Dr. M. Lindow. 3. Aufl. Mit 45 Fig. im Text u. 161 Aufg. (Bd. 387.)

...lrechnung unter Berücksichtigung d. prakt. Anw. in der Technik, mit zahlr. Beispielen u. Aufgaben ... Von Studienrat Dr. M. Lindow. 2. Aufl. Mit 43 Fig. im Text u. 200 Aufg. (Bd. 673.)

...tialgleichungen, unter Berücksichtigung der praktischen Anwendung in der Technik mit ...en Beispielen und Aufgaben versehen. Von Studienrat Dr. M. Lindow. Mit 38 Figuren und 100 Aufgaben. (Bd. 589.)

...chungsrechnung nach der Methode der kleinsten Quadrate. Von Geh. Reg.-Rat ...hegemann. Mit 11 Figuren im Text. (Bd. 609.)

...etrie zum Selbstunterricht. Von Geh. Studienrat P. Crantz. 3. Aufl. Mit 94 Fig. (Bd. 340.)

...rigonometrie z. Selbstunterr. Von Geh. Studienrat P. Crantz. 3. Aufl. Mit 50 Fig. (Bd. 431.)

...che Trigonometrie z. Selbstunterricht. V. Geh. Studienr. P. Crantz. Mit 27 Fig. (Bd. 605.)

...sche Geometrie der Ebene zum Selbstunterricht. Von Geh. Studienrat P. Crantz. Mit 55 Figuren. (Bd. 504.)

...risches Zeichnen. Von Zeichenl. A. Schubeiski. Mit 172 Abb. im Text u. a. 12 Taf. (Bd. 568.)

...lende Geometrie. Von Prof. P. B. Fischer. Mit 59 Fig. i. Text. (Bd. 541.)

...tionslehre. Die rechtwinklige Parallelprojektion und ihre Anwendung auf die Darstellung ...r Gebilde nebst Anh. über d. schiefwinklige Parallelprojektion, in kurzer leichtfaßl. Darst. f. ...terr. u. Schulgebrauch. Von Zeichenlehrer A. Schubeiski. Mit 208 Fig. u. Text. (Bd. 564.)

...üge der Perspektive nebst Anwendungen. Von Prof. Dr. K. Doehlemann. 2., verb. ... Mit 91 Figuren und 11 Abbildungen. (Bd. 510.)

...rammetrie. Von Dr.-Ing. H. Lüscher. Mit 78 Fig. im Text u. a. 2 Tafeln. (Bd. 612.)

...tische Spiele. Von Dr. W. Ahrens. 4., verb. Aufl. Mit 1 Titelbild u. 78 Fig. (Bd. 170.)

...achspiel und seine strategischen Prinzipien. Von Dr. M. Lange. 3. Aufl. Mit 2 Bild. ...Schachbrettafel und 43 Diagrammen. (Bd. 281.)

...rlag von B. G. Teubner in Leipzig und Berlin

MIX
Papier aus verantwortungsvollen Quellen
Paper from responsible sources
FSC® C105338

If you have any concerns about our products,
you can contact us on
ProductSafety@springernature.com

In case Publisher is established outside the EU,
the EU authorized representative is:
**Springer Nature Customer Service Center GmbH
Europaplatz 3, 69115 Heidelberg, Germany**

Printed by Libri Plureos GmbH
in Hamburg, Germany